U0351779

清华大学优秀博士学位论文丛书

载人登月多段自由返回轨道及受摄交会问题研究

李京阳 著　Li Jingyang

Research on Multi-Segment Lunar Free-Return Trajectories
and Perturbed Autonomous Rendezvous Guidance Design
for Human Lunar Mission

清华大学出版社
北　京

内 容 简 介

21世纪初,美、欧、中相继提出空间探测计划,载人登月被赋予了全新的含义和使命。本书应时代背景,尝试解决工程任务设计中所遇到的轨道动力学问题,研究了精细模型下月球附近交会对接和全月面覆盖变轨策略,提出了全程可自由返回的载人多段自由返回轨道,并确定了地月转移新型轨道设计方案。

本文可作为力学、数学、航空航天等方向的教学、科研及工程技术人员的参考用书。

图书在版编目(CIP)数据

载人登月多段自由返回轨道及受摄交会问题研究/李京阳著.—北京:清华大学出版社,2018

(清华大学优秀博士学位论文丛书)

ISBN 978-7-302-47798-3

Ⅰ.①载…　Ⅱ.①李…　Ⅲ.①载人航天器-奔月轨道-研究 ②航天器对接-研究　Ⅳ.①V412.4 ②V526

中国版本图书馆 CIP 数据核字(2017)第 170413 号

责任编辑:陈朝晖
封面设计:傅瑞学
责任校对:刘玉霞
责任印制:董 瑾

出版发行:清华大学出版社
　　　　　　网　　址:http://www.tup.com.cn, http://www.wqbook.com
　　　　　　地　　址:北京清华大学学研大厦 A 座　　　邮　编:100084
　　　　　　社 总 机:010-62770175　　　　　　　　　邮　购:010-62786544
　　　　　　投稿与读者服务:010-62776969,c-service@tup.tsinghua.edu.cn
　　　　　　质量反馈:010-62772015,zhiliang@tup.tsinghua.edu.cn
印 装 者:三河市铭诚印务有限公司
经　　销:全国新华书店
开　　本:155mm×235mm　　**印　张:**11.25　　**字　数:**187 千字
版　　次:2018 年 6 月第 1 版　　　　　　　　　**印　次:**2018 年 6 月第 1 次印刷
定　　价:89.00 元

产品编号:071661-01

一流博士生教育
体现一流大学人才培养的高度(代丛书序) [①]

人才培养是大学的根本任务。只有培养出一流人才的高校,才能够成为世界一流大学。本科教育是培养一流人才最重要的基础,是一流大学的底色,体现了学校的传统和特色。博士生教育是学历教育的最高层次,体现出一所大学人才培养的高度,代表着一个国家的人才培养水平。清华大学正在全面推进综合改革,深化教育教学改革,探索建立完善的博士生选拔培养机制,不断提升博士生培养质量。

学术精神的培养是博士生教育的根本

学术精神是大学精神的重要组成部分,是学者与学术群体在学术活动中坚守的价值准则。大学对学术精神的追求,反映了一所大学对学术的重视、对真理的热爱和对功利性目标的摒弃。博士生教育要培养有志于追求学术的人,其根本在于学术精神的培养。

无论古今中外,博士这一称号都是和学问、学术紧密联系在一起,和知识探索密切相关。我国的博士一词起源于 2000 多年前的战国时期,是一种学官名。博士任职者负责保管文献档案、编撰著述,须知识渊博并负有传授学问的职责。东汉学者应劭在《汉官仪》中写道:"博者,通博古今;士者,辩于然否。"后来,人们逐渐把精通某种职业的专门人才称为博士。博士作为一种学位,最早产生于 12 世纪,最初它是加入教师行会的一种资格证书。19 世纪初,德国柏林大学成立,其哲学院取代了以往神学院在大学中的地位,在大学发展的历史上首次产生了由哲学院授予的哲学博士学位,并赋予了哲学博士深层次的教育内涵,即推崇学术自由、创造新知识。哲学博士的设立标志着现代博士生教育的开端,博士则被定义为独立从事学术研究、具备创造新知识能力的人,是学术精神的传承者和光大者。

---

① 本文首发于《光明日报》,2017 年 12 月 5 日。

　　博士生学习期间是培养学术精神最重要的阶段。博士生需要接受严谨的学术训练，开展深入的学术研究，并通过发表学术论文、参与学术活动及博士论文答辩等环节，证明自身的学术能力。更重要的是，博士生要培养学术志趣，把对学术的热爱融入生命之中，把捍卫真理作为毕生的追求。博士生更要学会如何面对干扰和诱惑，远离功利，保持安静、从容的心态。学术精神特别是其中所蕴含的科学理性精神、学术奉献精神不仅对博士生未来的学术事业至关重要，对博士生一生的发展都大有裨益。

独创性和批判性思维是博士生最重要的素质

　　博士生需要具备很多素质，包括逻辑推理、言语表达、沟通协作等，但是最重要的素质是独创性和批判性思维。

　　学术重视传承，但更看重突破和创新。博士生作为学术事业的后备力量，要立志于追求独创性。独创意味着独立和创造，没有独立精神，往往很难产生创造性的成果。1929 年 6 月 3 日，在清华大学国学院导师王国维逝世二周年之际，国学院师生为纪念这位杰出的学者，募款修造"海宁王静安先生纪念碑"，同为国学院导师的陈寅恪先生撰写了碑铭，其中写道："先生之著述，或有时而不章；先生之学说，或有时而可商；惟此独立之精神，自由之思想，历千万祀，与天壤而同久，共三光而永光。"这是对于一位学者的极高评价。中国著名的史学家、文学家司马迁所讲的"究天人之际、通古今之变，成一家之言"也是强调要在古今贯通中形成自己独立的见解，并努力达到新的高度。博士生应该以"独立之精神、自由之思想"来要求自己，不断创造新的学术成果。

　　诺贝尔物理学奖获得者杨振宁先生曾在 20 世纪 80 年代初对到访纽约州立大学石溪分校的 90 多名中国学生、学者提出："独创性是科学工作者最重要的素质。"杨先生主张做研究的人一定要有独创的精神、独到的见解和独立研究的能力。在科技如此发达的今天，学术上的独创性变得越来越难，也愈加珍贵和重要。博士生要树立敢为天下先的志向，在独创性上下功夫，勇于挑战最前沿的科学问题。

　　批判性思维是一种遵循逻辑规则、不断质疑和反省的思维方式，具有批判性思维的人勇于挑战自己、敢于挑战权威。批判性思维的缺乏往往被认为是中国学生特有的弱项，也是我们在博士生培养方面存在的一个普遍问题。2001 年，美国卡内基基金会开展了一项"卡内基博士生教育创新计划"，针对博士生教育进行调研，并发布了研究报告。该报告指出：在美国和欧洲,培养学生保持批判而质疑的眼光看待自己、同行和导师的观点同样非常不容易,批判性思维的培养必须要成为博士生培养项目的组成部分。

对于博士生而言,批判性思维的养成要从如何面对权威开始。为了鼓励学生质疑学术权威、挑战现有学术范式,培养学生的挑战精神和创新能力,清华大学在 2013 年发起"巅峰对话",由学生自主邀请各学科领域具有国际影响力的学术大师与清华学生同台对话。该活动迄今已经举办了 21 期,先后邀请 17 位诺贝尔奖、3 位图灵奖、1 位菲尔兹奖获得者参与对话。诺贝尔化学奖得主巴里·夏普莱斯(Barry Sharpless)在 2013 年 11 月来清华参加"巅峰对话"时,对于清华学生的质疑精神印象深刻。他在接受媒体采访时谈道:"清华的学生无所畏惧,请原谅我的措辞,但他们真的很有胆量。"这是我听到的对清华学生的最高评价,博士生就应该具备这样的勇气和能力。培养批判性思维更难的一层是要有勇气不断否定自己,有一种不断超越自己的精神。爱因斯坦说:"在真理的认识方面,任何以权威自居的人,必将在上帝的嬉笑中垮台。"这句名言应该成为每一位从事学术研究的博士生的箴言。

提高博士生培养质量有赖于构建全方位的博士生教育体系

一流的博士生教育要有一流的教育理念,需要构建全方位的教育体系,把教育理念落实到博士生培养的各个环节中。

在博士生选拔方面,不能简单按考分录取,而是要侧重评价学术志趣和创新潜力。知识结构固然重要,但学术志趣和创新潜力更关键,考分不能完全反映学生的学术潜质。清华大学在经过多年试点探索的基础上,于 2016 年开始全面实行博士生招生"申请-审核"制,从原来的按照考试分数招收博士生转变为按科研创新能力、专业学术潜质招收,并给予院系、学科、导师更大的自主权。《清华大学"申请-审核"制实施办法》明晰了导师和院系在考核、遴选和推荐上的权利和职责,同时确定了规范的流程及监管要求。

在博士生指导教师资格确认方面,不能论资排辈,要更看重教师的学术活力及研究工作的前沿性。博士生教育质量的提升关键在于教师,要让更多、更优秀的教师参与到博士生教育中来。清华大学从 2009 年开始探索将博士生导师评定权下放到各学位评定分委员会,允许评聘一部分优秀副教授担任博士生导师。近年来学校在推进教师人事制度改革过程中,明确教研系列助理教授可以独立指导博士生,让富有创造活力的青年教师指导优秀的青年学生,师生相互促进、共同成长。

　　在促进博士生交流方面,要努力突破学科领域的界限,注重搭建跨学科的平台。跨学科交流是激发博士生学术创造力的重要途径,博士生要努力提升在交叉学科领域开展科研工作的能力。清华大学于2014年创办了"微沙龙"平台,同学们可以通过微信平台随时发布学术话题、寻觅学术伙伴。3年来,博士生参与和发起"微沙龙"12000多场,参与博士生达38000多人次。"微沙龙"促进了不同学科学生之间的思想碰撞,激发了同学们的学术志趣。清华于2002年创办了博士生论坛,论坛由同学自己组织,师生共同参与。博士生论坛持续举办了500期,开展了18000多场学术报告,切实起到了师生互动、教学相长、学科交融、促进交流的作用。学校积极资助博士生到世界一流大学开展交流与合作研究,超过60%的博士生有海外访学经历。清华于2011年设立了发展中国家博士生项目,鼓励学生到发展中国家亲身体验和调研,在全球化背景下研究发展中国家的各类问题。

　　在博士学位评定方面,权力要进一步下放,学术判断应该由各领域的学者来负责。院系二级学术单位应该在评定博士论文水平上拥有更多的权力,也应担负更多的责任。清华大学从2015年开始把学位论文的评审职责授权给各学位评定分委员会,学位论文质量和学位评审过程主要由各学位分委员会进行把关,校学位委员会负责学位管理整体工作,负责制度建设和争议事项处理。

　　全面提高人才培养能力是建设世界一流大学的核心。博士生培养质量的提升是大学办学质量提升的重要标志。我们要高度重视、充分发挥博士生教育的战略性、引领性作用,面向世界、勇于进取,树立自信、保持特色,不断推动一流大学的人才培养迈向新的高度。

清华大学校长

2017 年 12 月 5 日

丛书序二

以学术型人才培养为主的博士生教育,肩负着培养具有国际竞争力的高层次学术创新人才的重任,是国家发展战略的重要组成部分,是清华大学人才培养的重中之重。

作为首批设立研究生院的高校,清华大学自20世纪80年代初开始,立足国家和社会需要,结合校内实际情况,不断推动博士生教育改革。为了提供适宜博士生成长的学术环境,我校一方面不断地营造浓厚的学术氛围,一方面大力推动培养模式创新探索。我校已多年运行一系列博士生培养专项基金和特色项目,激励博士生潜心学术、锐意创新,提升博士生的国际视野,倡导跨学科研究与交流,不断提升博士生培养质量。

博士生是最具创造力的学术研究新生力量,思维活跃,求真求实。他们在导师的指导下进入本领域研究前沿,吸取本领域最新的研究成果,拓宽人类的认知边界,不断取得创新性成果。这套优秀博士学位论文丛书,不仅是我校博士生研究工作前沿成果的体现,也是我校博士生学术精神传承和光大的体现。

这套丛书的每一篇论文均来自学校新近每年评选的校级优秀博士学位论文。为了鼓励创新,激励优秀的博士生脱颖而出,同时激励导师悉心指导,我校评选校级优秀博士学位论文已有20多年。评选出的优秀博士学位论文代表了我校各学科最优秀的博士学位论文的水平。为了传播优秀的博士学位论文成果,更好地推动学术交流与学科建设,促进博士生未来发展和成长,清华大学研究生院与清华大学出版社合作出版这些优秀的博士学位论文。

感谢清华大学出版社,悉心地为每位作者提供专业、细致的写作和出版指导,使这些博士论文以专著方式呈现在读者面前,促进了这些最新的优秀研究成果的快速广泛传播。相信本套丛书的出版可以为国内外各相关领域或交叉领域的在读研究生和科研人员提供有益的参考,为相关学科领域的发展和优秀科研成果的转化起到积极的推动作用。

感谢丛书作者的导师们。这些优秀的博士学位论文，从选题、研究到成文，离不开导师的精心指导。我校优秀的师生导学传统，成就了一项项优秀的研究成果，成就了一大批青年学者，也成就了清华的学术研究。感谢导师们为每篇论文精心撰写序言，帮助读者更好地理解论文。

感谢丛书的作者们。他们优秀的学术成果，连同鲜活的思想、创新的精神、严谨的学风，都为致力于学术研究的后来者树立了榜样。他们本着精益求精的精神，对论文进行了细致的修改完善，使之在具备科学性、前沿性的同时，更具系统性和可读性。

这套丛书涵盖清华众多学科，从论文的选题能够感受到作者们积极参与国家重大战略、社会发展问题、新兴产业创新等的研究热情，能够感受到作者们的国际视野和人文情怀。相信这些年轻作者们勇于承担学术创新重任的社会责任感能够感染和带动越来越多的博士生们，将论文书写在祖国的大地上。

祝愿丛书的作者们、读者们和所有从事学术研究的同行们在未来的道路上坚持梦想，百折不挠！在服务国家、奉献社会和造福人类的事业中不断创新，做新时代的引领者。

相信每一位读者在阅读这一本本学术著作的时候，在吸取学术创新成果、享受学术之美的同时，能够将其中所蕴含的科学理性精神和学术奉献精神传播和发扬出去。

清华大学研究生院院长

2018 年 1 月 5 日

导师序言

载人登月是人类文明演化至今最为尖端的科技工程之一,它展现的是一个国家强大的科技、政治、军事以及经济实力,彰显的是国家和民族对未知世界探索的强烈渴望。21 世纪初叶,美国 Constellation 计划、欧洲 Aurora 计划以及中国探月工程计划的相继提出,彻底拉开了人类重返外太空的序幕,载人登月也被赋予了全新的含义和使命。探测内容的多样化,轨道设计的复杂精细化,宇航员安全保障的突出化,进一步加大了载人登月工程任务设计的复杂度与难度。本文应时代背景,尝试解决工程任务设计中所遇到的轨道动力学问题,研究了精细模型下月球附近交会对接和全月面覆盖变轨策略,提出了全程可自由返回的载人多段自由返回轨道,并确定了地月转移新型轨道设计方案。

在地月转移新型轨道设计研究中,本文针对地球高纬度再入提出基于拱线偏置的返回轨道设计方案,确定了影响再入点方位和再入航程的主要设计参数;改进了圆锥曲线拼接模型下影响球处轨迹状态求解算法,合理避开影响球处初值猜测,减少了数值修正,提高了计算效率。

在多段自由返回轨道研究中,本文强调轨道设计的灵活度和故障返回的可行度。经典自由返回轨道设计难度大、发射窗口窄,无法有效保证光照和测控条件的满足;Hybrid 轨道虽设计灵活、窗口较宽,但牺牲了安全属性;多段自由返回轨道的设计有兼收并蓄的特点,轨道设计不仅灵活且满足无动力故障返回的要求。本文在圆锥曲线拼接模型下完成多段轨道定义,在次高精度伪状态模型下,完成轨道解析建模与特性分析。数值计算表明,伪状态模型误差仅为圆锥曲线拼接模型误差的 10%。

在月球附近交会对接控制策略研究中,本文强调规划算法的精确性与时效性。提出三步迭代法,完成控制策略由 C-W 模型、二体模型到高精度模型的演化,并比对遗传算法,证明了三步迭代法的最优性。引入 J_2 摄动模型,完成局部最优控制策略的解析构建,显著减小了因 C-W 模型不精确带来的法向变轨误差,并有效避免了因多步迭代带来的时间损耗。数值计算表明,交会终端位置误差仅为 C-W 模型的误差的 1‰;脉冲近似解可有效转变为有限推力解。

　　在全月面覆盖控制策略研究中,本文关注规划算法的合理性与故障返回的可行性,提出了基于多段自由返回轨道的多脉冲控制策略。数值仿真表明,全月面覆盖所需总脉冲消耗小于 2.6km/s,多段中途转移脉冲消耗小于 0.4km/s。

宝音贺西

清华大学航天航空学院

2017 年 9 月于清华园

主要符号对照表

A_m	探测器面质比
a	轨道六根数向量
a, b	半长轴和半短轴
C_R	太阳辐射系数
c	$m \times 1$ 阶约束向量
c_l	光速
d	第 6 章中 $m \times 1$ 阶不等式约束,在优化算法中表示迭代步长
d	第 6 章中微分符号
$\boldsymbol{e}, e$	偏心率矢量和偏心率
f	真近点角,第 5 章和第 6 章中表示交会终端状态
$\boldsymbol{h}, m, n, g$	第 7 章中角动量矢量与其分量
h	距离目标天体的高度
i	轨道倾角
$\boldsymbol{J}$	Jacobi 矩阵
J	目标函数
J_2	中心天体的第二阶非球形摄动
L_s	太阳发光度
M	平近点角
m	中心天体质量
$\mathbf{N}$	节线矢量
$\hat{\boldsymbol{P}}$	偏心率的单位矢量
$\hat{\boldsymbol{Q}}$	半通径的单位矢量
$\boldsymbol{R}$	旋转矩阵
$\boldsymbol{r}, x, y, z$	中心天体坐标系下航天器位置矢量和分量
r	航天器距中心天体半径
$\boldsymbol{r}_{\mathrm{EM}}, \boldsymbol{v}_{\mathrm{EM}}$	地球 J2000 坐标系下月球相对地球的位置和速度矢量

T	轨道周期
t	时间
u	纬度幅角
$\boldsymbol{v}, \dot{x}, \dot{y}, \dot{z}$	中心天体坐标系下航天器的速度矢量和分量
$\boldsymbol{X}$	航天器相对状态矢量
$\boldsymbol{x}$	$n \times 1$ 阶自由参数矢量,第 6 章中表示相对状态矢量
α_i	第 i 次脉冲到交会终端的相位角
δ	变分符号
γ	航天器的飞行角
$\Delta \boldsymbol{v}, \Delta v$	脉冲矢量与大小
ε	预先给定的误差
μ	中心天体的引力常数
$\boldsymbol{\Phi}$	状态转移矩阵
Ω	升交点赤经
$\boldsymbol{\omega}$	旋转坐标系角速度矢量
ω	近地点幅角或轨道角速度

下标

a	远中心天体点
ar	月球到达时刻
C	Cauchy 算法
c	绕月状态
E	地球
e	外部伪状态标示符
GN	Gauss-Newton 算法
I, i	第 4 章中相对地球和月球的内部伪状态标示符
j	奔月点火状态
M/m	月球
new	替换值
o	地球停泊轨道
p	近中心天体点
r	返回状态
re	再入状态

S	第 3 章中表示太阳,第 7 章中表示航天器
s,se	月球影响球入口点和出口点
TR	Trust-Region Dogleg 算法
tl	奔月状态
v	中途转移脉冲
x,y,z	惯性坐标系的 x 轴、y 轴和 z 轴
β	第 7 章中目标轨道与近月双曲轨道交点
0	标称值
1	第 3 章中 PTOP 奔月段自由返回轨道
2	第 3 章中 LOP 绕月段自由返回轨道
(2)	反正切函数

上标

r	径向
t	横向
z	法向
κ	第 7 章中月心双曲轨道坐标系
τ	第 7 章中月球目标轨道坐标系
^	单位矢量
*	相对地球 J2000 坐标系的月心段状态矢量

目　录

第1章 绪 论

1.1 研究背景与意义

"青天有月来几时? 我今停杯一问之。人攀明月不可得,月行却与人相随。"停杯沉思,仰望苍穹。明月亘古如斯,何时有? 明月若影随行,何以去? "日月安属? 列星安陈?"自然的法则,宇宙的玄妙,驱使着人类去探索,去构建未知的文明。历史的车轮滚滚而来,时间聚焦在 1969 年 7 月 16 日。美国佛罗里达州肯尼迪航天中心,土星 5 号(Saturn V)运载火箭,承载着三位航天先驱,承载着人类几千年的梦想,徐徐升空。突破地球的禁锢,突破技术的枷锁,远征月球,开疆辟土。1969 年 7 月 20 日,他们不负使命,用长靴在月球激起尘土,用画面将时空永久定格,首次实现地外天体登陆。这项被命名为阿波罗(Apollo)11 的载人登月计划,也注定了永载史册。随后的 1969 年 11 月到 1972 年 12 月,美国相继发射了 Apollo 12~17 号登月飞船[1-5],共计 12 名宇航员登陆月球。Apollo 工程带来的技术革新无与伦比:管理工程学、燃料电池、大规模集成电路、微型集成芯片和微型计算机的相继问世,搭建成人类文明进步的阶梯,推动了人类文明进程的演化[6]。Apollo 工程揭开了人类探索外太空的序幕。同一时期,苏联也启动了代号为 N1-L3 的载人登月计划。该计划以超重型运载火箭 N1 为载体,完成飞船的无人绕月、载人绕月以及载人登月飞行任务,但因 N1 火箭的屡次发射失败而宣布告终[7]。Apollo 工程的辉煌也未能延续,国际政治形势的转变和太空探索的巨额开支,遏制了 Apollo 工程的延续。人类在随后的几十年,再未远征甚至未能穿越地球的邻近地带,但梦想并未终结。时间来到 1987 年 7 月 20 日,在纪念 Apollo 首次登月 20 周年纪念日上,美国总统布什宣布了 2019 年登陆火星计划,并于同年,由美国航空航天局(NASA)发布了著名的《90 天报告》(90-Day Report)。该计划拟在国际空间站建造 1000 吨级核动力飞船,经地球近地轨道出发,飞向火星。宇航员在火星表面经停两周后,借助金星引力甩摆,快速返回地球,但高达 4500 亿美元巨额经费预算,迅速遭到国会否决,迫使该项目下马。

20 世纪 90 年代世界迎来了第二波探月高潮,美国、欧洲、日本、中国和印度均先后参与其中,并发射了系列月球探测器。2004 年 1 月,美国总统小布什提出"太空探索远景"(Vision for Space Exploration)计划,明确了载人登月、载人登火、建造月球基地和开发太阳系内行星等探索任务[8-11],并于 2005 年公布了重返月球的"星座"(Constellation)计划[12-14],彻底拉开了人类重返外太空的序幕。欧洲航天局(ESA)、俄罗斯的能源火箭与航天公司(RKK Energia)、日本的三菱重工业有限公司(Mitsubishi Heavy Industries)、欧洲航空防务及航天公司(EADS Astrium)、印度、伊朗和美国的太空探索技术公司(Space Exploration Technologies)等也纷纷推出相关的或更远的太空探测计划[15,16]。虽在 2010 年美国取消了重返月球的计划[17,18],但其他国家仍然以月球为探测目标,并取得一系列进展。如 2009年,日本公布其"月亮女神"(Kaguya)号月球探测器发现了月球上首个熔岩管;2011 年,印度发表了其"月船"(Chandrayaan)1 号月球探测器发现的500 米长百米宽的完整熔岩管段,这些都可为月球基地的建设提供天然的保障;加上持续增加的探测证据显示月球上存在大量冰水,使重返月球变得更具吸引力。

我国于 20 世纪 90 年代初,进行了探月计划必要性及可行性研究,先后制定并完成了探月卫星的技术研究方案和卫星关键技术研究。经过 10 年酝酿,于 2004 年正式提出代号为"嫦娥工程"的探月计划。嫦娥工程分为"无人月球探测"、"载人登月"和"建立月球基地"三个阶段。我国目前正在实施的为无人月球探测,并制定了"绕"、"落"和"回"三步走战略[19-22]:

第一步,利用我国现有技术和条件,向月球发射月球探测卫星。月球探测卫星将实现绕月飞行,对月球进行遥感探测,除了探明月球所蕴藏的能源和资源外,还将查明月球表面的环境、地貌、地质构造与物理场,争取对月球的形貌特征、资源性元素分布规律及开发利用前景有一个初步认识;

第二步,实现月球探测器月面软着陆。对着陆区地形地貌进行自动巡视勘探,测定着陆点热流与周围环境,探测着陆区岩石与矿物成分;

第三步,进行目标的巡视勘探与采样返回。月球车登陆月球,在月面有代表性的区域进行采样,并将采集土壤及岩石样品送上返回器,返回器经点火返回地球。在地面对样品进行进一步分析,深化对月球起源和演化的认识。

截至目前,我国已先后成功发射嫦娥一号、二号、三号月球探测器和嫦娥五号 T1 试验器,完成了对月球停泊轨道的环绕与月面三维影像的获取。

突破了地外天体软着陆与航天器再入返回关键技术。为下一步载人登月探测和月球基地建立奠定了良好的基础。

载人登月是大国地位象征,是一个国家综合国力的体现。载人登月工程的实施,将极大地促进通信、遥测、材料、计算机、自动控制、系统工程与生命保障等诸多技术的发展,提升我国的科技创新能力。促进高技术的产业化,带动信息技术、微机电技术、新能源、新材料和新工艺技术的发展,使我国牢牢掌握核心技术发展的主导权,全面带动我国经济、社会和文化的发展,为国民经济的发展、社会的进步和大国的崛起注入强劲的动力。

1.2 研究现状综述

载人登月任务研究始于 20 世纪 50 年代,伴随着 Apollo 计划的提出,研究进入空前热潮。飞船的运动控制、轨道设计、空间交会对接、系统动力学环境分析、燃料最优等问题成为当时航天动力学研究的热点,并产生诸多经典著作[23,24]。2004 年美国提出重返月球的"星座"计划,再次点燃了世界范围内月球探测的高潮。"星座"计划首次提出全月面到达与任意时刻安全返回概念。引起学术界极大关注,诸多文献对这一问题进行了深入的分析与讨论。本节将分别从载人登月轨道、地月转移轨道、空间交会对接以及全月面到达这四个方向介绍当前研究进展与现状。

1.2.1 载人登月轨道研究

载人登月任务基本采用一次或多次发射(地球停泊轨道组装)、奔月点火、月球环绕、落月、上升、月球附近交会对接、飞船返回与再入的方案。载人登月飞船系统包括轨道器、着陆器、上升器和返回器。其中,轨道器主要承担地月之间的往返运输任务,包括携带其余三个探月飞行器完成地月转移、中途修正和近月制动;进入环月轨道后,轨道器与着陆器和上升器分离,携带返回器留轨;与从月面返回的上升器交会对接,上升器中宇航员转移至返回器后与之分离;携带返回器进入月地转移轨道;在地球附近与返回器分离,并保证其再入初始条件。着陆器的任务是将上升器从环月轨道软着陆至月球表面,完成宇航员月面出舱与采集任务。上升器的任务是携宇航员及采样从月面起飞,进入环月轨道后与轨道器、返回器组合体交会对接,并将样品转移至返回器,之后与组合体分离,不进入月地转移轨道。返回器载宇航员完成地球大气返回再入与安全着陆。

Apollo 登月计划所采用的奔月轨道可分为两类：自由返回轨道和混合（Hybrid）轨道。首次 Apollo 任务采用的是自由返回轨道，该轨道从近200km 高的地球停泊轨道出发，飞行一段时间抵达月球，近月高度在100km 左右，可执行近月制动与着月，在不施加任何控制情况下可安全返回地球并着陆[25-27]。但鉴于自由返回轨道约束过强，设计难度较大[28,29]，导致发射机会较少，并且不能很好地满足测控、光照等工程约束，因此 Apollo 11 之后采用 Hybrid 轨道[2-5]。这种轨道由自由返回段与非自由返回段拼接而成。经地球停泊轨道奔月点火，飞船首先进入一条自由返回轨道；飞行大约一天后，飞船再次点火实施中途轨道转移修正，进入另一条非自由返回轨道，这段轨道近月距设计为 100km 左右，适合近月制动与着月。如飞船在此期间发生故障，在不执行操作的情况下，并不能自由返回地球与着陆。Apollo 计划开始时三次任务均采用自由返回轨道，之后便采用 Hybrid 轨道，但因包含非自由返回段，促使飞船安全性降低，Apollo 13 发生事故之后，轨道设计又转向自由返回轨道[30-32]。Hybrid 轨道相比自由返回轨道，虽具有更宽的发射窗口和着月范围，对飞行时间和燃料消耗的控制也更为灵活，并有效地促使了轨道设计难度降低，但因包含非自由返回段，飞船因故无法执行近月制动情况下，无法实施自由返回而未被后续任务采用。

轨道设计的精确度与复杂度依赖于对系统动力学模型的表述。恰当的模型描述不仅可减小轨道设计的难度和提高初值算法的精度，更可对轨道特性进行精细化分析，为方案制定和任务实施提供可行性参考。针对地月引力空间系统的描述主要集中在限制性三体模型和圆锥曲线拼接模型（或称双二体模型）[33]之间。限制性三体模型为数值计算模型，精确度较高，但轨道演化依赖数值积分，轨道设计不存在解析解，设计初值需由低精度模型给出[34]。圆锥曲线拼接模型为半解析模型，在地月中心天体影响球内，轨道设计完全解析，但因月球影响球处轨迹拼接的存在，破坏了轨道设计的全解析特性，引起额外的数值运算。圆锥曲线拼接模型由 Egorov 于 1956 年首先提出[35]，虽模型精度低于限制性三体模型，但其半解析、轨道设计简洁直观的特性，促使其成功应用于地月空间的转移轨道设计中[36,37]。该模型下转移轨道由地心段与月心段圆锥曲线拼接而成，因此对各自轨道特性的分析也完全解析。

半个世纪以来，大量的任务分析与轨道设计任务均基于上述模型展开[38-46]。基于限制性三体模型，Miele[47]发现了自由返回轨道的对称特性，并建立了出发与返回轨道的对称数学模型与镜像轨道设计的解析模型；

Baoyin[48]研究了地月系统 Langrage 点附近和主要星体表面转移轨道特性与其存在类型,该类轨道可适用于星体的采样返回与载人探测任务[49];Schwaniger[50]构建了载人登月自由返回轨道设计模型,并依据绕月方式的不同,对轨道特性进行了分类的研究与比对;Jesick 和 Ocampo[51]基于自由返回轨道对称特性,开发了自由返回轨道设计算法,并针对燃料消耗与飞行时间等特性进行了大量的分析,所得结论具备了较高的参考价值。圆锥曲线拼接模型因其较好的解析特性与直观设计方法,同样受到诸多科研工作者的青睐(Egorov[35],Tolson[36],Ikawa[44]和 Lancaster[52]等)。基于圆锥曲线拼接模型,Penzo[53]研究了自由返回轨道设计方法,分析了飞行时间、近月点高度、出发和返回段轨道倾角与月球影响球入口和出口点处速度矢量关系;Dallas[54]讨论了圆锥曲线拼接下自由返回轨道特性,针对飞行时间、燃料消耗与轨道设计难易等诸多特性,总结出逆向轨道要优于正向轨道;Gibson[55]结合圆锥曲线拼接模型与高精度模型完成自由返回轨道模型构建,并对比了不同模型下轨道特性,研究表明圆锥曲线拼接模型可以很好地近似高精度模型,基于圆锥曲线拼接模型可对轨道各项特性做出有效的分析与评估。

限制性三体模型虽精度较佳,但轨道设计依赖数值积分。圆锥曲线拼接模型虽轨道部分解析,但影响球处中心天体引力的依次忽略,造成拼接处较大的位置和速度误差,引起模型精度的持续降低。Wilson 于 1970 年提出另外一种近似地月引力空间的简化动力学模型:Pseudostate(伪状态)模型[56]。该模型兼备了圆锥曲线拼接模型的解析性与限制性三体模型的精确性,模型误差仅为圆锥曲线拼接模型误差的 20%。近年来国内外许多轨道设计研究工作均基于伪状态模型展开[57-60]。文献所阐述的轨道设计基本思路为:①给定一个初始状态,在只考虑地球引力情况下,将轨道推进到目标时刻(靠近月球附近);②进行状态变换,将目标时刻航天器状态由相对地球状态变换为相对月球的状态;③在保持速度不变的情况下,沿直线逆向推进到伪状态切换球(PTS);④在只考虑月球引力情况下,将轨道正向推进到近月时刻。由此构建出轨道状态间演化的全解析动力学模型。

国内载人登月轨道设计任务研究兴起于 20 世纪 90 年代初。黄诚和胡小工等[61]研究了满足动力学与运动学约束的轨道设计方法,并完成较高精度模型下的轨道设计。白玉铸和陈小前等[62,63]分析了圆锥曲线拼接模型下地月、月地和自由返回轨道设计方法,并简要分析了 Hybrid 轨道特性。黄文德、郗晓宁和张祖鹤等[64-67]对载人登月的发射窗口进行了分析设计,并在圆锥曲线拼接模型下通过参数寻优设计了满足约束条件的自由返回轨道与任务中止轨道[68]。

1.2.2　地-月间转移轨道研究

月球探测与载人登月不同,不要求飞船具备自由返回能力[69-72]。如我国已进行的探月工程一期与二期,其主要目的在于发射月球探测器,完成对月球的科学考察。月球探测器或环绕月球周期运动或脱离月球飞向更远小行星。因此奔月轨道设计亦不同于载人登月轨道,不需具备经月球甩摆后返回地球的特性。本书中将此类奔月轨道统称为地-月转移轨道。

20世纪中叶,Gibson[55],Berry[23]以及NASA研究人员[26,36,39,50,73-75]已经对这类轨道进行了广泛而深入的研究。Gibson采用并验证了圆锥曲线拼接模型在地-月转移轨道设计中的精确度。Miele和Mancuso[34]系统地给出了限制性三体模型下地-月转移轨道最优设计方法。Kluever和Pierson[76]研究了电推力情况下地-月转移轨道燃料最优问题[34]。

载人登月以及月球采样任务均涉及飞船的安全返回。如Apollo计划与我国的探月三期任务。轨道舱完成与登月舱交会对接以及分离后,伺机点火进入月-地返回轨道。Robinson和Geller[77]采用圆锥曲线拼接模型设计了月球返回控制算法。首先评估了双曲转移轨道在月球影响球处的双曲剩余速度。随后,依据圆锥曲线拼接技术计算月球返回点火速度(TEI)增量,完成月球停泊轨道至返回轨道的转移。最后,采用线性打靶法完成误差的评估和消除。Chung和Weinstein[78]完成了针对月球南极Aitken Basin的采样返回轨道设计以及优化方案研究。基于任务需求,提出了三类返回方案:直接返回、经月球平动点(LLP)返回和经地球平动点(ELP)的返回。Ocampo和Saudemont[79]研究了任意时刻、任意月球停泊轨道的安全返回。Yan和Gong[40]进一步研究了限制性四体模型下返回轨道设计以及优化问题。

国内,杨维廉、周文艳对嫦娥一号、二号月球探测的绕地飞行调相轨道、地月转移轨道及环月轨道进行了分析设计[80,81],并从近地轨道出发,分析了转移轨道的时间、燃料消耗特性和发射机会[82-84]。赵玉晖、侯锡云与刘林[85-87]对中途转移轨道误差分析修正、月球返回轨道和再入角的变化特征进行了相关研究,分析了地月相对位置和地球自转对月球返回轨道再入角的影响。林晓辉[88]和何巍[89]等分别用圆锥曲线拼接法和限制性多体问题研究了地月转移轨道设计方法。徐明和徐世杰[90]研究了限制性三体问题下的地月低能转移轨道。郗晓宁、高玉东和白玉铸等[91-93]在圆锥曲线拼接模型下对转移轨道进行建模,并对返回轨道特性进行了分析。

1.2.3　地球和月球附近交会对接

交会对接技术的发展始于 20 世纪 60 年代[94-98]。1966 年美国发射"双子星座"飞船实现与"阿金纳"火箭的手控交会对接。1967 年,苏联首次实现了无人航天器的空间自动交会对接。我国交会对接技术发展于 20 世纪 80 年代,并于 2011 年 11 月 3 日,完成了我国首次无人自动交会对接:"神舟八号"与"天空一号"交会对接。标志着我国成为继俄罗斯(苏联)和美国后,世界上第三个完全自主掌握空间交会对接技术的国家。交会对接分为 4 个阶段:交会段、对接段、组合飞行段与返回段。其中交会段又分为远程导引段和自主控制段。自主控制段完全依赖船上制导、导航与控制(GNC)分系统自主完成,包括寻的、接近、平移和靠拢 4 个阶段。远程导引段需接收地面指令,实施轨道机动,使追踪星抵达目标星附近,完成追踪星所载敏感器对目标星的捕获。远程导引段涉及轨道机动与变轨策略的优化设计,交会对接轨道力学研究主要基于此展开。

空间交会对接按控制类型以及宇航员与地面站的参与程度可以分为:遥控、手动、自动与自主交会对接。前三种交会对接均需地面测控站参与,而自主交会对接智能化程度最高,完全依靠船载设备自主实现交会对接。Woffinden 和 Geller[99]广泛地调研了美国及苏联的空间交会对接方案。研究表明,手动交会对接应用虽较为成熟,但控制策略复杂,任务普适性差,超常规地挑战了宇航员的操控、生理以及心理水平,难以满足当前以及将来复杂任务需求。空间自主交会对接控制策略的研发与应用已迫在眉睫。Zimpfer[100]指出为完成空间自主交会对接,飞船需具备独立的任务设计、分析、解验算能力。由此,交会对接控制策略算法需务求精准简练。以完成机动序列的迅速规划,应急情况的快速处理。Weeks 和 D'Souza 等[101-103]分析了"猎户座"(Orion)飞船自主交会对接星载控制算法。该算法总共涉及 4 类轨道机动:调相、调高、轨道圆化和调面。算法具备很好的鲁棒性,但缺乏普适性,未能系统构建交会对接数值或半解析轨道机动控制流程。为适应不同类交会对接任务,算法仍需进行广泛地校准与验证。

交会对接算法的精度与复杂程度,源于对系统模型的不同描述。交会对接本质上为卫星相对运动的规划,完成从星相对主星运动位置速度的归零。相对运动研究可追溯到 20 世纪 60 年代。Clohessy 和 Wiltshire[104]共同提出了著名的描述卫星相对运动的 Clohessy-Wiltshire(C-W)方程。C-W 方程为一组线性化的微分方程,通过线性化二体模型,获得描述卫星相对运动解析方程。国际上,很多学者(Kawano et al.[105], Hablani et al.[106,107], Lovell 和 Tragesser[108,109]和 Lopez et al.[110])均基于 C-W 方程,研究构建了卫星编队飞行以及交会控制制导算法。Prussing[111],Cater 和 Humi 等[112-115]基于主矢量理论研究了线性边界问题下,时间固定、燃料最优交会对接控制问题。Li 和 Baoyin[116]推导基础 C-W 模型的线性化交会对接方程组,获得线性解析解,并通过三步迭代法,获得高精度模型下精确解。Yamanaka 和 Ankersen[117]于 2002 年进一步提出椭圆参考轨道下的卫星相对运动状态矩阵。将对相对运动描述由圆参考轨道拓展到椭圆参考轨道。该理论可进一步用于目标轨道为椭圆轨道的月球或小天体采样返回交会对接任务[118]。

C-W 方程推导过程中,不可避免地引入了模型线性化误差,并且忽略了天体非球形摄动以及三体引力摄动。因此,长时间轨道演化,必将带来严重的误差累计,导致相对运动状态预报的失真。近十几年来,大量学者致力于构建描述相对运动的高精度解析模型[119-128]。Schweighart 和 Sedwick[119],Schaub 和 Alfriend[120],Sabatini 和 Palmerini[121]构建了考虑 J_2 摄动下的卫星相对运动方程。Karlgard 和 Lutze[123]在球面坐标系下构建了参考轨道为圆轨道的二阶相对运动方程。Richardson 和 Mitchell[124]进一步构建了参考轨道为圆轨道的三阶相对运动方程,用以描述 Hill 坐标系下的非线性周期运动。上述方法共同缺点在于,描述相对运动的线性摄动方程均包含周期项系数,因此,方程求解依赖数值积分,不存在理论意义上的解析解。交会对接制导策略设计将出现大量数值运算,造成计算时间的消耗。Gim 和 Alfriend[129]于 2004 年提出 J_2 摄动下描述相对运动的状态转移矩阵 GA-STM。GA-STM 完全解析,状态求解不依赖数值积分,适用于任意偏心率的椭圆参考轨道。可迅速预报轨道相对状态,且求解精度高,可很好地满足交会对接卫星平台的策略分析与设计对计算效率和精度的要求,但考虑 J_2 摄动所带来的短周期与长周期项,构成了 GA-STM 形式上的复杂。对于目标轨道为近圆轨道交会对接任务,可通过忽略 $O(eJ_2)$ 项,仅保留 $O(e)$ 项,对 GA-STM 做出进一步的简化[130]。Li 和 Vadali[131]提出考虑考虑 J_2 摄动下的月球附近交会对接变轨策略,采用简化的 GA-STM 推导了交会对接目标函数与约束的解析梯度,通过构建 Kuhn-Tucker(KT)方程,获得交会策略的局部最优解。

国内对交会对接控制技术与理论的研究兴起于 20 世纪 90 年代[132-137]。谌颖、孙俊、向开恒和林来兴等[138-141]讨论了空间交会对接燃料最优控制理论,分析了脉冲控制下的最优燃料消耗与所需的最佳交会对接时间。韩潮[142]分析了满足测控、日照、燃料和时间等各方面约束的远程导引飞行方案算法。朱仁璋提出空间交会最终平移段的控制算法[143],并对脉冲消耗与交会对接发射窗口的特性进行了分析[144,145]。王翔和龚胜平等[146]提出了多脉冲控制下的交会对接快速打靶法,完成了月球附近近圆轨道的交会对接。

1.2.4　全月面覆盖

近年来,伴随着美国重返月球"星座"计划的提出,载人登月被赋予 Apollo 时代所没有的更新、更复杂的使命。具有代表性的便是全月面到达(Lunar Global Access)与任意时刻的安全返回(Any Time Return),极大地考验着人类当前的尖端科技、材料、工艺与任务设计等水平。文献[147]~[150]针对全月面覆盖展开研究,分析了飞船目标轨道(LDO)到达所采用的近月制动(LOI)方案。飞船预定着陆点的月心经度与纬度决定了目标轨道的轨道倾角与升交点赤经。Jesick[147,148]推导了多脉冲情况下的近月制动优化算法,用以完成自由返回轨道到月球目标轨道的过渡。首先通过求解目标函数、等式与不等式约束的解析梯度,构建了 KT 方程;随后通过求解,获得了燃料局部最优情况下,满足过程以及终端约束的脉冲控制序列;最后,在限制性三体模型下,分析了不同目标轨道到达所需的速度增量。Garn[149]研究了地月转移轨道全月面到达三脉冲近月制动优化方案,给出了全月面覆盖燃料消耗等高图。研究表明,通过适度的月球轨道停留,可以有效地减少月面目标位置到达所需的脉冲消耗。Condon[150]进一步细化了月球轨道停留时间与脉冲消耗间关系。文献[149]和[150]所探讨的全月面覆盖均基于非自由返回的奔月轨道,因其能实现任意近月轨道倾角到达,固可最大限度地减小脉冲消耗。尽管 Jesick 的研究基于自由返回轨道,但中途转移脉冲的出现,破坏了轨道的自由返回特性,无法完成故障情况下飞船的安全返回。Li 和 Baoyin[151]提出了基于多段自由返回轨道的全月面覆盖方案。通过合理设计第二段自由返回轨道,最大限度地减小了月球目标轨道到达所需的脉冲消耗,同时保障了故障情况下飞船的自由返回。

1.3　本文的工作和创新点

1.3.1　本文的工作

第 1 章介绍了载人登月任务轨道动力学的研究背景、价值以及意义,并回顾了相关领域对此类问题的研究成果。

第 2 章结合我国探月三期任务,研究了转移轨道设计与发射窗口的构建,讨论两类转移轨道特性:奔月轨道与月球返回轨道。首先,基于圆锥曲线拼接模型,构建了两类转移轨道的半解析模型,并针对探月三期高纬度着陆要求,改进了返回轨道的解析模型。然后,在恰当范围内,有序变换模型初值,生成不同特性转移轨道,并通过快速迭代算法,完成在圆锥曲线拼接模型下的修正。在此基础上,构建发射窗口数据库,分析不同工况下的飞行时间曲线、燃料消耗特性和对应的月面最佳停留时间,生成探月三期发射时刻表。最后,在高精度模型下验证了轨道设计方法的精确性与算法收敛性,并采用梯度迭代算法,完成了最终高精度模型下的轨道修正。

第 3 章研究了载人登月任务探测与轨道设计问题。首先,针对载人登月任务的探测要求,改进了载人任务轨道设计方法,提出了多段自由返回轨道,以实现发射窗口、飞行时间和近月倾角的灵活可调,并保障飞船在无动力作用下的安全返回。然后,提出一种影响球处轨迹状态判断法,以实现影响球处状态切换,完成轨道拼接,并在数值上验证了方法的有效性。该方法被应用在多段自由返回轨道建模中,完成了轨道半解析模型构建。在此基础上,分析了多段自由返回轨道的燃料消耗、飞行时间以及近月倾角特性。最后,采用梯度迭代算法,完成了高精度模型下的轨道修正,并通过大量的不同工况下的仿真结果,验证了多段轨道解析模型的精度。研究表明,多段自由返回轨道具有灵活的发射窗口和广阔的近月倾角范围。

第 4 章研究了伪状态模型下的多段自由返回轨道建模方法。首先,基于伪状态理论,构建了多段自由返回轨道的全解析模型。然后,针对轨迹末端飞行角受约束问题,改进了两点边值问题的计算方法,提出了基于经典 Lambert 问题求解的 Quasi-Lambert 问题。该方法被应用在多段自由返回轨道建模中,完成了不同初始工况下奔月段自由返回轨道解析模型的构建。以此为基础,采用梯度迭代算法与直接打靶法,完成伪状态模型下轨道修正,以实现工程约束的满足。最后,通过大量的高精度模型下的数值仿真,验证了伪状态模型解的精确性和轨道设计算法的可行性。伪状态模型不精确带来的近月距误差仅为圆锥曲线拼接模型下近月距误差的 10%。

第 5 章研究了我国探月三期月球附近交会对接飞船制导策略规划问题。首先,针对月球附近近圆轨道交会对接问题,采用 C-W 方程,构建了解析线性化交会对接模型。该模型允许实时调整机动脉冲数量、机动时间以及总交会时间。然后,提出三步迭代法,以实现线性模型解到高精度模型解之间的光滑过渡,并在数值上验证了方法的可行性。其中,在三步迭代中引入了二体模型,用以减小模型不精确带来的解间误差。最后,通过数值仿真,验证了控制算法的可行性并揭示了三步迭代算法的计算效率以及收敛性。

第 6 章研究了 J_2 摄动模型下月球附近交会对接最优控制策略。月球 J_2 摄动虽没地球显著,但仍量级可观并高出其余摄动项一个数量级以上。因此 J_2 摄动考虑与否,将显著影响策略规划算法精度。首先,本章从简化的考虑 J_2 摄动的状态转移矩阵(J_2-STM)的分析入手,揭示其可用于模拟轨迹的精确演化,并提出了基于 J_2 摄动的多脉冲近圆轨道实时交会对接最优控制策略,可实现机动脉冲数、机动时间和总交会时间的灵活调整。然后,解析推导了交会目标函数与约束的解析梯度,完成了 KT 方程的构建。最后,通过高精度模型下的数值仿真,验证了最优控制算法的可行性与精确性,并进一步分析了有限推力模型下,脉冲控制算法的精度。研究表明,J_2摄动解因模型不精确带来的交会终端位置误差仅为 C-W 模型误差的 1%。

第 7 章研究了基于多段自由返回轨道的全月面到达变轨策略。首先,采用限制性三体模型,构建多段自由返回轨道,分析中途转移脉冲以及近月轨道特性,确定了到达月球目标轨道的最佳中途转移控制策略。然后,从燃料最优入手,提出一种转移轨道的近月制动策略,以实现探测器的月球捕获和目标轨道到达,并在数值上验证了方法的有效性。最后,通过大量的数值仿真实验,确定了多段自由返回轨道的全月面覆盖燃料消耗曲线,并分析了影响曲线变化的几种主要轨道参数。

1.3.2　主要创新点

1. 新型地月转移轨道设计

提出了圆锥曲线拼接模型下航天器状态切换算法,避免影响球处初值猜测,有效地减少了数值计算以及误差修正时间;针对地球高纬度再入,提出基于拱线偏置的返回轨道设计模型,有效地减小了再入航程,降低了轨道设计难度,并明确了影响再入点经纬度与再入航程的主要设计参数。

2. 多段自由返回轨道

针对宇航员安全保障突出化和任务设计复杂化,提出多段自由返回轨道。不同于自由返回轨道和 Hybrid 轨道,该轨道不仅有效降低了轨道设计复杂度并且保障了飞船在故障情况下的无动力全程安全返回性。

3. 伪状态模型下多段自由返回轨道

针对轨道设计的复杂精细化要求,构建了伪状态模型下多段自由返回轨道的解析计算模型,不仅减少了数值计算时间更有效提高了轨道模型精度。大量数值仿真表明,相比圆锥曲线拼接模型,模型精度提高了 1 个数量级。

4. J_2 摄动下自主交会对接最优控制策略

针对轨道设计复杂精细化要求,提出了 J_2 摄动下月球附近自主交会对接最优控制策略,并构建了交会对接控制解析方程组,合理避开了数值积分;推导了目标函数与约束的解析梯度,完成了 KT 方程构建,实现了局部最优控制策略的解析求解,有效地减少了数值计算时间;相比传统 C-W 模型控制算法,精度提高了 2 个数量级。

5. 全月面覆盖控制策略

针对宇航员安全保障突出化和探测内容多样化的要求,提出了基于多段自由返回轨道的全月面覆盖控制策略,不仅有效保障了奔月全程的安全返回性,并且有效减少了月球目标轨道到达所需的燃料消耗;提出了月球附近全月面覆盖三脉冲机动解析控制算法,不仅合理避开了数值运算,并且有效保证了燃料消耗的局部最优性。

第2章 月球探测器转移轨道和发射窗口特性

2.1 引　　言

本章研究以我国嫦娥探月三期工程为背景。嫦娥工程始于2004年,前两期工程分别完成月球探测器的绕月飞行和探测器月面软着陆。以考察月球地形地貌、月壤特性和引力环境,获取月球表面三维影像和月球物质类型分布以及特点。嫦娥三期工程计划完成月球探测器的月面采样与返回,以深化对月球起源和化学演化的认识,突破地外星体自主交会对接和返回地球技术,为今后载人登月工程提供技术储备。

对于探月计划,合理设计较高精度/第三体引力模型下的地月转移轨道至关重要。本章采用圆锥曲线拼接模型近似替代地月引力空间,并改进了月球影响球处轨迹状态判断算法,避免了影响球处状态初值猜测,减少了误差修正所引起的时间消耗,使得轨道设计更为简洁清晰。针对地球高纬度再入要求,提出了基于拱线偏置的新型返回轨道设计方案,并分析了影响再入航程和再入点经纬度的主要设计参数,明确了参数的最佳取值区间。

2.2节采用圆锥曲线拼接模型设计了满足约束要求的转移轨道半解析计算模型,并分析发射、近月和再入轨道特性。研究表明,圆锥曲线拼接模型可以很好地近似高精度模型,轨道特性随设计参数的变化趋势与高精度模型下相似,两者之间存在较小的、近似恒定的误差[55]。针对高纬度再入,2.2节采用拱线偏置法,合理控制了返回地球的时间与着陆点纬度,然后通过参数寻优,设计了满足高纬度着陆的返回轨道。考虑到火箭运载能力的限制等约束与采样需求,轨道设计需能实现对飞行时间与燃料消耗的灵活控制和具备全月面覆盖与任意时刻安全返回的拓展能力。

2.3节通过分析需求(发射场经纬度、近月轨道特性和返回再入特性),创建了发射窗口,并分析了对应的轨道特性,为发射日期的选定提供了详尽的特性分析及燃料消耗参考表。2.4节在高精度/全引力模型下,以半解析解为初值,通过微分修正,设计了满足着月、再入等约束条件的地-月和月-地转移轨道。

2.2　地月引力空间转移轨道解析模型

2.2.1　地月引力场模型

本章采用圆锥曲线拼接模型来近似地月引力空间。其动力学构造可简明阐释飞船奔月、绕月和月球返回等动力学行为特征,同时使解析设计变为现实。本章末节引入地月引力空间高精度模型来验证此模型的精确性以及基于此模型算法的有效性和收敛性。

本节只简要地介绍圆锥曲线拼接动力学模型,更多的细节可参考文献[35]和[55]。模型假设地月系统引力场由两个独立的与距离平方成反比的引力场构成,一个引力空间源于地球,另一个引力空间源于月球。当航天器驶入月球影响球(LSOI)时,自动屏蔽地球引力,仅考虑月球引力对其作用。当航天器驶离 LSOI,月球引力被屏蔽,仅存地球引力。在此模型下,地月转移轨道均被分为两类:月心段曲线和地心段曲线。其中月心段轨道呈现双曲特性,地心段轨道呈现大偏心率椭圆轨道特性。两类轨道在 LSOI 所张球面某点进行位置速度拼接,保证轨迹连续。每当航天器进入或驶离 LSOI 时,其状态均需进行如下必要切换,以保证飞行轨迹在 LSOI 球面连续:

$$r_{\text{LSOI}}^{*} = r_{\text{LSOI}} - r_{\text{EM}} \tag{2-1}$$

$$v_{\text{LSOI}}^{*} = v_{\text{LSOI}} - v_{\text{EM}} \tag{2-2}$$

其中 r_{LSOI}^{*} 和 v_{LSOI}^{*} 为航天器相对月心 J2000 坐标系的状态矢量,r_{LSOI} 和 v_{LSOI} 为相对地心 J2000 坐标系状态矢量。采用圆锥曲线拼接技术,可完成月心段双曲轨道特性与地心转移段大椭圆轨道特性的关联,方便后续轨道特性的分析与研究。

2.2.2　地-月转移轨道设计

我国探月三期任务涉及地球出发、月球的着陆与返回。由此,转移轨迹需在三个关键点满足特定约束:奔月点、近月点和地球再入点。为有效改变轨道半长轴,要求奔月点火点发生在轨道近地点,对应的飞行方位角为90deg。航天器奔月点火发生在地球停泊轨道,因此点火点轨道半径需与地球停泊轨道半径保持一致。我国地面发射场初步选于酒泉,由此奔月轨道倾角需大于发射场纬度。综上,在奔月点需满足三个约束。

根据探月一期、二期任务,选取月心段双曲轨道的近月距为 200km,以满足探测器的近月制动与月球捕获对燃料以及轨道高度限制的要求。参考 Apollo 飞行任务[26,27],选取地球再入时刻的再入角为 $-6\mathrm{deg}$,再入点高度为 121km,比满足跳跃式再入气动参数设置以及飞船热控的需求。

本章采用圆锥曲线拼接技术构建地月转移轨道,图 2.1 给出了整个轨迹设计流程。

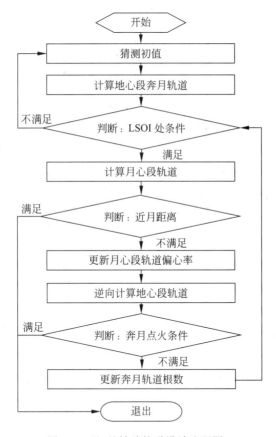

图 2.1　地-月转移轨道设计流程图

由图 2.1 可知,整个流程可以划分为如下三步:

1) 基于给定的地球停泊轨道参数以及到达月球时刻 t_{ar},构建以地球为中心,二体模型下的地月椭圆转移轨道;

2) 计算航天器在月球影响球处状态,进行状态切换,获得航天器相对

月球位置速度,推出近月轨道根数;

3) 对比终端状态与给定约束。如果误差落在指定区间,计算结束。否则,更新参数重新计算,直至收敛。

地球停泊轨道高度选为 200km。由此,可导出转移轨道根数 a_{tl} 和 e_{tl}:

$$a_{tl} = \frac{r_{ptl} + r_{atl}}{2} \tag{2-3}$$

$$e_{tl} = \frac{r_{atl} - r_{ptl}}{r_{ptl} + r_{atl}} \tag{2-4}$$

式中,

$$r_{ptl} = 200\text{km} + r_E \tag{2-5}$$

$$r_{atl} = r_{EM} + r_M + h_{atl} \tag{2-6}$$

参数 h_{atl} 为椭圆轨道远地点到月球表面距离。鉴于探月任务中,地月转移时间为 4~5day,h_{atl} 取值区间被近似限定在 $[-500, 500]$km。

在圆锥曲线拼接模型中,构建地心段转移轨道拱线与 t_{ar} 时刻地月连线重合,对应二体模型下拱线与偏心率方向重合。由此,根据球面三角原法则,如图 2.2 所示,可导出如下轨道根数:

$$i_{tl} = -\arcsin\frac{\sin\delta}{\sin\omega_{tl}} \tag{2-7}$$

$$\Omega_{tl} = -\arccos\frac{\cos\delta\cos\alpha}{\cos\varphi} - \arctan(\tan\omega_{tl}\cos i_{tl}) \tag{2-8}$$

式中,

$$\varphi = \begin{cases} \arcsin(\sin\omega_{tl}\sin i_{tl}), & 0 \leqslant \omega_{tl} \leqslant \pi \\ -\arcsin(\sin\omega_{tl}\sin i_{tl}), & \pi < \omega_{tl} \leqslant 2\pi \end{cases} \tag{2-9}$$

定义 ω_{tl} 为自由参数,由此获得地心段地月转移轨道根数。

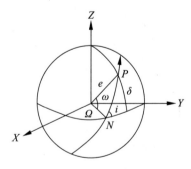

图 2.2　球面三角和角度参数定义示意图

通过影响球处状态切换,可获得圆锥曲线拼接模型下的月心段转移轨道根数。首先计算航天器在月球影响球处状态。基于文献[152]所述算法,可解析计算获得月心到地心段椭圆转移轨道最短距离

$$F_{\min} = f(x_{\text{tlmin}}, y_{\text{tlmin}}, z_{\text{tlmin}}) \tag{2-10}$$

上式为地心 J2000 轨道坐标系下坐标 $x_{\text{tl}}, y_{\text{tl}}, z_{\text{tl}}$ 的函数。由此,可得对应真近点角

$$f_{\text{tl}}(F_{\min}) = \arctan_{(2)}\left(\frac{y_{\text{tl min}}}{x_{\text{tl min}}}\right) \tag{2-11}$$

如图 2.1 所示,如果最短距离 $F_{\min}$ 大于月球影响球半径,则证明地心段转移轨迹与月球影响球不相交,需重新猜测初始参数,计算地心段转移轨道。若否,则以 $f_{\text{tl}}(F_{\min})$ 为起点,沿地心段转移轨迹逆向积分,通过二分法,判断轨迹与月球影响球交点[152],求出航天器状态。最后,通过下式进行状态切换,获得航天器相对月球的状态:

$$\boldsymbol{r}_{\text{s}}^{*} = \boldsymbol{r}_{\text{s}} - \boldsymbol{r}_{\text{EM}} \tag{2-12}$$

$$\boldsymbol{v}_{\text{s}}^{*} = \boldsymbol{v}_{\text{s}} - \boldsymbol{v}_{\text{EM}} \tag{2-13}$$

式中 $\boldsymbol{r}_{\text{EM}}$ 和 $\boldsymbol{v}_{\text{EM}}$ 为月球在 t_{s} 时刻相对地球状态,可通过读取 JPL 星历 DE405 获得。至此,获得圆锥曲线拼接模型下的月心段转移轨道。

通过上述推导,获得月心段转移轨道。将其近月距与标称值进行比对,看是否满足约束。如图 2.1 所示,若残差落在指定区间,则算法收敛。否则,更新月心段转移轨道偏心率:

$$e_{\text{cnew}} = -\frac{r_{\text{pc0}}}{a_{\text{c}}} + 1 \tag{2-14}$$

式中 r_{pc0} 为标称半径,对应轨道高度 200km。由此月心段轨道出发,逆向积分轨迹至月球影响球,并进行状态切换,获得航天器相对地球状态:

$$\boldsymbol{r}_{\text{snew}} = \boldsymbol{r}_{\text{snew}}^{*} + \boldsymbol{r}_{\text{EMnew}} \tag{2-15}$$

$$\boldsymbol{v}_{\text{snew}} = \boldsymbol{v}_{\text{snew}}^{*} + \boldsymbol{v}_{\text{EMnew}} \tag{2-16}$$

至此,获得更新后地心段转移轨道。判断此轨迹近地点半径是否满足约束。如图 2.1 所示,若残差落在指定区间,计算收敛。若否,进行如下轨道根数的更新:

$$a_{\text{tl}} = \frac{r_{\text{ptl}} + r_{\text{atlnew}}}{2} \tag{2-17}$$

$$e_{\text{tl}} = \frac{r_{\text{atlnew}} - r_{\text{ptl}}}{r_{\text{atlnew}} + r_{\text{ptl}}} \tag{2-18}$$

$$i_{\text{tl}} = i_{\text{tlnew}}, \quad \Omega_{\text{tl}} = \Omega_{\text{tlnew}} \tag{2-19}$$

$$\omega_{tl} = \omega_{tlnew} \qquad (2\text{-}20)$$

此迭代过程将不断重复,直至关键点轨道参数均满足约束。通过上述计算,我们获得圆锥曲线拼接模型下满足约束的地-月转移轨道。通过不断变换初始参数,可生成不同特性轨道,为后续发射窗口的设计和分析提供理论依据。

2.2.3　月-地转移轨道设计

本节给出圆锥曲线拼接模型下月-地转移轨道设计流程(见图 2.3)。

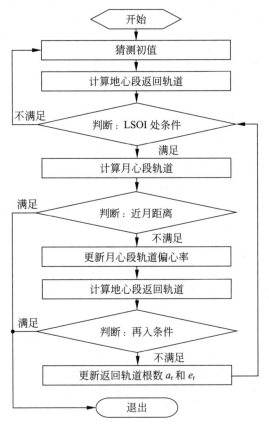

图 2.3　月-地转移轨道设计流程图

如图 2.3 所示,整个设计流程可分为如下三步:

1) 由给定的地球再入条件与初始猜测参数,构建地心段返回轨道。采用拱线偏置技术,满足地球高纬度着陆约束;

2）由地球再入点出发，逆向演化轨迹至月球影响球交点，获得交点处航天器状态。切换状态至月球系统，获得月心段转移轨道；

3）判断月心段转移轨道近月距是否满足标称约束。若残数落在指定区间，则计算收敛。若否，依据残差修正初值，直至收敛。

如 2.2.2 节所述，航天器在再入时刻，需满足再入高度与再入角约束。由此，可导出返回轨道再入时刻轨道半径和对应的远月点半径：

$$r_{re} = \frac{a_r(1 - e_r^2)}{1 + e_r \cos f_r} = r_E + h_{re} \tag{2-21}$$

$$r_a = a_r(1 + e_r) = r_M + r_{EM} + h_{ar} \tag{2-22}$$

式中 h_{re} 为再入点高度，在本章中取为 121km。依据返回时间，同样将 h_{ar} 取值区间限定在 $[-500, 500]$km。其余轨道参数 f_r 和 e_r 的定义可参考文献[152]和[153]：

$$f_r = 2\pi - \arccos\left(\frac{-\sin^2\gamma + \cos\gamma\sqrt{e_r^2 - \sin^2\gamma}}{e_r}\right) \tag{2-23}$$

$$e_r = \frac{\kappa^2 - (2\kappa - 1)\cos^2\gamma}{\kappa^2 - \cos^2\gamma} \tag{2-24}$$

式中

$$\kappa = \frac{r_a}{r_{re}} \tag{2-25}$$

由此，获得轨道半长轴

$$a_r = \frac{r_a}{1 + e_r} \tag{2-26}$$

鉴于地月距离与可携带燃料限制，以及对地球再入时刻再入点高度与飞行方位角的约束，在地球返回轨道设计中，返回点火 TEI 时刻的月球纬度在本质上决定了地球着陆点纬度。两者数值大小近似，符号相反。而在一个月球停变期 18.6 年内，白赤夹角的变化范围为 18°19′ 到 28°35′。因此为满足我国载人登月高纬度着陆需求[154,155]，轨道设计中，拱线相对地月连线需有一定的偏置。拱线偏置包含经度与纬度方向偏置，它将会影响到着陆点的纬度与着陆时刻。任务设计中，为满足气动与测控要求，再入航程的变化区间被限定在 $[5600, 7100]$km。

为使得轨迹与月球影响球相交，返回轨道设计中的经纬度 (α, δ) 偏置均被限制在 $-10\deg \leqslant \Delta \leqslant 10\deg$。通过猜测经纬度偏置初值以及近地点幅角 ω_r，可获得如下轨道根数[152]：

$$i_r = -\arcsin\frac{\sin(\delta + \Delta\delta)}{\sin\omega_r} \tag{2-27}$$

$$\Omega_r = -\arccos\frac{\cos(\delta+\Delta\delta)\cos(\alpha+\Delta\alpha)}{\cos\varphi} - \arctan(\tan\omega_r\cos i_r) \quad (2\text{-}28)$$

$$f_r = 2\pi - \arccos\left(\frac{-\sin^2\gamma + \cos\gamma\sqrt{e_r^2 - \sin^2\gamma}}{e_r}\right) \quad (2\text{-}29)$$

式中

$$\varphi = \begin{cases} \arcsin(\sin\omega_r\sin i_r) & 0 \leqslant \omega_r \leqslant \pi \\ -\arcsin(\sin\omega_r\sin i_r) & \pi < \omega_r \leqslant 2\pi \end{cases} \quad (2\text{-}30)$$

图 2.4 给出沿纬度方向拱线偏置情况下,再入航程随着陆点纬度的变化情况。图中计算所涉及再入轨道倾角统一取为 45deg。由图可知,随着陆点纬度增加,再入航程增加;随纬度偏置增加,再入航程减小。

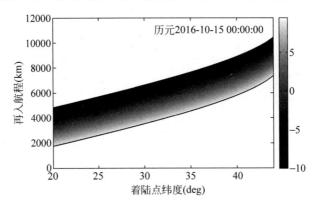

图 2.4　$\Delta\delta$ 取不同值再入航程随着陆点纬度变化的等高线图

通过上述推导,得到圆锥曲线拼接模型下地心段返回轨道。逆向演化轨迹至月球影响球,获得影响球处航天器状态。通过如下所示状态切换,获得航天器相对月球状态:

$$r_{se}^* = r_{se} - r_{EM} \quad (2\text{-}31)$$

$$v_{se}^* = v_{se} - v_{EM} \quad (2\text{-}32)$$

式中,r_{EM} 和 v_{EM} 为 t_{se} 时刻月球相对地球状态,可通过读取 JPL 星历 DE405 获得。由此,获得圆锥曲线拼接模型下月心段返回轨道。将其近月距与标称值进行比对,看是否满足约束。如图 2.3 所示,若残差落在指定区间,则算法收敛。若否,则更新月心返回段轨道偏心率:

$$e_{cnew} = -\frac{r_{pc0}}{a_c} + 1 \quad (2\text{-}33)$$

式中,r_{pc0} 为标称半径,对应轨道高度 200km。由此月心段返回出发,正向积

分轨迹至月球影响球,并进行状态切换,获得航天器相对地球状态:

$$\boldsymbol{r}_{snew} = \boldsymbol{r}_{snew}^{*} + \boldsymbol{r}_{EMnew} \tag{2-34}$$

$$\boldsymbol{v}_{senew} = \boldsymbol{v}_{senew}^{*} + \boldsymbol{v}_{EMnew} \tag{2-35}$$

至此,获得更新后地心段返回轨道。判断此轨迹再入点参数是否满足约束。如图 2.3 所示,若残差落在指定区间,计算收敛。若否,则需进行如下轨道参数的更新:

$$\kappa_{new} = \frac{r_{anew}}{r_{re}} \tag{2-36}$$

$$e_{rnew} = \frac{\kappa_{new}^{2} - (2\kappa_{new} - 1)\cos^{2}\gamma}{\kappa_{new}^{2} - \cos^{2}\gamma} \tag{2-37}$$

$$a_{rnew} = \frac{r_{anew}}{1 + e_{rnew}} \tag{2-38}$$

如图 2.3 所示,此迭代过程将不断重复,直至近月点与再入点轨道参数均满足约束。通过上述计算,我们获得圆锥曲线拼接模型下满足约束的月-地返回轨道。同上所述,通过不断变换初始参数,可生成不同特性轨道,为后续返回窗口的设计和分析提供理论依据。

2.3　地-月间发射窗口

本节建立了地球出发和月球返回两类发射窗口。着重对转移时间、燃料消耗和轨道参数特性进行了分析,并与自由返回轨道特性进行了比对,明确了相同点和差异处。所构建的发射窗口数据库可为探月任务中发射机会的选取提供参考,并可很好地适用于任务特性分析与发射参数的选取,为后续高精度模型下修正提供初值。图 2.5 的等高线图给出了关键参数变化特性。图中粗实线表示特性参数的可达区间,细实线表示地月距等高线(km)或月球纬度等高线(deg),图中参数变化由灰度梯度表述。

2.3.1　地球出发窗口

2.2.2 节给出地-月转移轨道设计算法。通过变换初始参数 r_{atl} 和 ω_{tl},可生成发射机会数据库。下文对奔月点火速度增量、奔月时间、地球出发和月球到达轨道特性进行了分析。

图 2.5 给出了奔月点火速度增量随到达影响球时刻 t_s 的变化。由图可知,速度增量的变化区间为 [3.13, 3.17] km/s;随地月距离增加,速度增

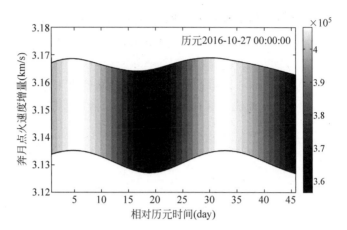

图 2.5　不同地月距离下奔月点火速度增量随 t_s 变化的等高线图

量单调增加;在 45day 时间跨度内,速度增量近似呈周期性变化。图 2.5 所示特性可用于探月任务燃料消耗分析,并为后续高精度模型下轨道修正提供初值。地月转移轨道所需的奔月点火速度增量与自由返回轨道接近[50]。

图 2.6 给出地月转移时间随到达影响球时刻 t_s 的变化。地月转移时间为地月间距离函数。由图可知,随地月间距离增加,飞行时间单调增加;通过定义自由参数 h_{atl} 的变化区间 $[-500,500]$km,可将飞行时间控制在满足任务要求的子区间 $[3.8,5.4]$day 内变化。

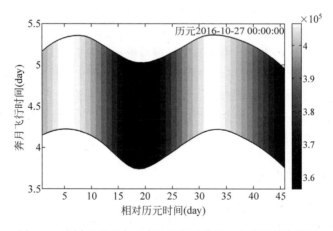

图 2.6　不同地月距离下奔月飞行时间随 t_s 变化的等高线图

图 2.7 给出地-月转移轨道倾角变化趋势图。由图可知,倾角变化区间 $[5,175]$deg,取值主要受月球纬度影响;在月球纬度变化区间内,随月球纬

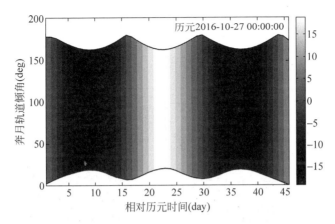

图 2.7　不同月球纬度下奔月轨道倾角随 t_s 变化的等高线图

度增加,转移轨道倾角增加。为使转移轨道到达月球附近,转移轨道倾角需大于或等于到达月球时刻的月球纬度。图 2.8 给出地-月转移轨道升交点赤经变化趋势图。由图可知,在 45day 时间跨度内,升交点赤经呈现周期性变化。因月球经纬度一一对应,月球纬度周期性变化造成了月球经度的周期性变化。为保证轨迹与月球交会,这种经度的周期性变化,造成了轨道升交点赤经的周期性变化。因此,交会时刻月球经纬度决定了地球出发时刻的轨道倾角与升交点赤经。至此,获得了出发时刻轨道面空间指向的变化规律。由此出发,逆向推导便可确定给定发射场发射的发射方位角和发射时间。

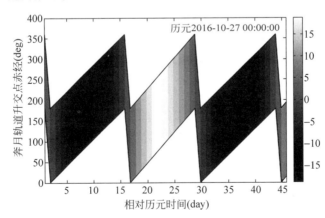

图 2.8　不同月球纬度下奔月轨道升交点赤经随 t_s 变化的等高线图

图 2.9 给出近月时刻轨道倾角的变化趋势图。由图可知,相比自由返回轨道与月赤道夹角范围[−10,10]deg,地月转移轨道可实现全月面覆盖;

轨道倾角变化范围为 0deg 到 180deg。这主要是因地月转移轨道不受自由返回约束的限制,轨道设计具有更大自由度所致。由图可知,随月球纬度增加,近月轨道倾角增加,但变化不显著。

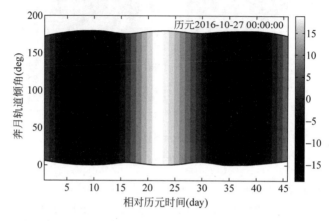

图 2.9   不同月球纬度下近月轨道倾角随 t_s 变化的等高线图

2.3.2   月面上升窗口

探月三期任务涉及航天器的"绕、落、回"。首先,飞船通过近月制动,进入轨道高度为 200km 的月球停泊轨道,进行环绕。随后,着陆器伺机机动,落向月面,完成月面任务。最后,上升器点火上升,与停泊轨道器进行交会,对接后返回地球。为减少燃料消耗,要求上升器上升轨道与月球停泊轨道基本共面。因此,合理规划月面停留时间以满足上升窗口约束便成为轨道设计的关键。月面停留时间主要由落月点纬度和月球停泊轨道倾角决定,计算如下:

$$l_{\text{ND}} = \arcsin \frac{\tan\varphi}{\tan i_c} \tag{2-39}$$

$$l_{\text{DD}'} = \pi - 2 \cdot l_{\text{ND}} \tag{2-40}$$

$$t_{\text{st}} \approx \frac{l_{\text{DD}'}}{\bar{\omega}_{\text{L}}} = \frac{\pi - 2 \cdot l_{\text{ND}}}{\bar{\omega}_{\text{L}}} \tag{2-41}$$

式中,φ 与 $\bar{\omega}_{\text{L}}$ 表示着月点的纬度与月球自转角速度;t_{st} 表示月面停留时间;A 与 A' 表示登月舱的下降点与上升点,如图 2.10 所示。

图 2.11 给出月面停留时间随月球停泊轨道倾角的变化趋势图,其中着陆点纬度假定为 3deg。由图可知,随月球停泊轨道倾角增加,月面停留时间单调增加。

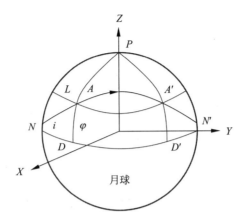

图 2.10　航天器的星下点轨迹

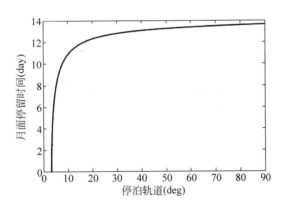

图 2.11　月面停留时间随月球停泊轨道倾角的变化

2.3.3　月球返回窗口

　　经月面片刻停留,着陆器伺机点火,进入轨道高度为 $15\text{km}\times180\text{km}$ 的椭圆轨道。随后,经过 $3\sim4$ 次轨道机动,实现与轨道器的交会对接。最后,点火返回地球。地球再入时刻的返回轨道需满足再入约束,以完成大气层跳跃式再入,降低返回器速度,同时要求返回轨道过顶四子王旗,以完成该地点着陆。本节对地球返回速度增量、返回时间、返回和再入时刻的轨道特性进行了深入的分析。

　　图 2.12 给出月球返回速度增量随时刻 t_r 的变化趋势图。月球返回速度增量为地月间距离与返回时间函数。由图可知,返回速度增量变化区间为 $[0.8,0.98]\text{km/s}$;返回速度增量随地月间距离的增加而减小。在圆锥曲

线拼接模型下,返回轨道可近似为地心大椭圆轨道,地月距决定了椭圆轨道的偏心率。地月间距离越大,椭圆轨道偏心率越大,远地点速度越小。由此,从月球停泊轨道转移至椭圆轨道所需速度增量越小。图 2.13 给出返回时间随时刻 t_r 的变化趋势图。由图可知,随地月间距离的增加,返回时间单调增加;返回时间变化区间为 $[3.1,5.4]$ day,满足任务要求。

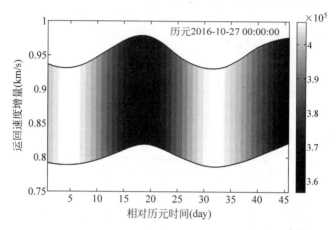

图 2.12　不同地月距离下返回点火速度增量随 t_r 变化的等高线图

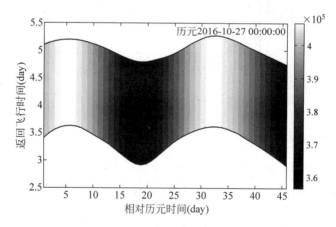

图 2.13　不同地月距离下返回飞行时间随 t_r 变化的等高线图

图 2.14 给出月心段返回轨道倾角随时刻 t_r 的变化趋势图。由图可知,轨道倾角变化范围为 0deg 到 180deg,不同于图 2.7,月球纬度对轨道倾角影响微弱。图 2.15 给出月心段返回轨道升交点赤经随时刻 t_r 的变化趋势图。由图可知,升交点赤经变化范围 0deg 到 360deg,返回轨道主要受地球

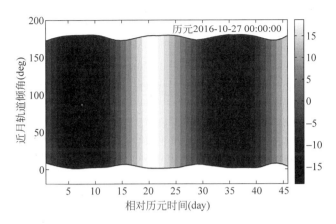

图 2.14　不同月球纬度下近月轨道倾角随 t_r 变化的等高线图

引力影响,月球经度对轨道升交点赤经的影响微弱。至此,获得了返回时刻轨道面空间指向的变化规律。由此出发逆向推导便可确定月球停泊轨道的轨道倾角和升交点赤经,同时也为月球任意时刻返回提供了可行轨道参数。

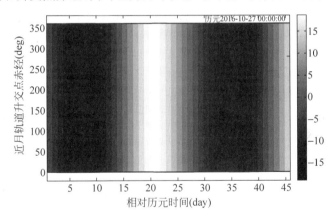

图 2.15　不同月球纬度下近月轨道升交点赤经随 t_r 变化的等高线图

图 2.16 给出地球返回轨道倾角随时刻 t_r 的变化趋势图。由图可知,地球返回轨道倾角变化范围为 5deg 到 175deg;随月球纬度增加,返回轨道倾角增加。出发时刻的月球纬度决定了地球着陆点的纬度,由此影响着返回时刻的轨道倾角。为满足四子王旗着陆,要求轨道倾角大于四子王旗的纬度。在探月任务中,一般假设返回轨道倾角为 45deg。

至此,获得了地球出发、月面上升和月球返回发射窗口。对轨道特性的研究,可直接或间接地用于今后探月计划的任务分析与设计。

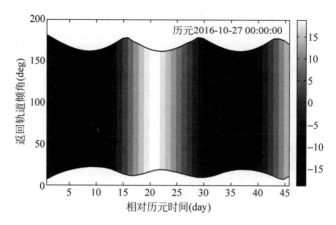

图 2.16　不同月球纬度下近月轨道倾角随 t_r 变化的等高线图

2.4　高精度模型修正

本节建立地球高精度引力模型验证圆锥曲线拼接模型精度。在地球高精度引力模型中考虑了地球 J_2 摄动、月球、太阳、金星、火星和木星的三体引力摄动和太阳光压摄动。以圆锥曲线拼接模型解为初值,在高精度模型中积分,获得轨道的终端误差。本节采用 Trust-Region Dogleg 梯度算法消除高精度模型下的积分终端误差,并修正初始设计轨道。不同于牛顿迭代,Trust-Region Dogleg 法可处理奇异 Jacobi 矩阵,并可改善收敛鲁棒性[156,157],优化算法的实施细节可详见附录 A。为更直观显示最终优化结果,用下述目标方程代替附录 A 中方程 Eq.(A-1):

$$f(\boldsymbol{x}) = \frac{1}{2}\boldsymbol{c}(\boldsymbol{x})^{\mathrm{T}}\boldsymbol{c}(\boldsymbol{x}) \tag{2-42}$$

高精度模型下地-月和月-地转移轨道修正涉及的自由参数和约束有

$$\boldsymbol{x}_{\mathrm{tl}} = \begin{bmatrix} \mathrm{TLI} \\ \Omega_{\mathrm{tl}} \\ \omega_{\mathrm{tl}} \end{bmatrix}_{3\times 1} \tag{2-43}$$

$$\boldsymbol{c}_{\mathrm{tl}} = \begin{bmatrix} \dfrac{h_{\mathrm{cp}} - h_{\mathrm{cp0}}}{h_{\mathrm{cp0}}} \\[2mm] \dfrac{i_{\mathrm{c}} - i_{\mathrm{c0}}}{i_{\mathrm{c0}}} \\[2mm] \dfrac{\mathrm{FT}_{\mathrm{tl}} - \mathrm{FT}_{\mathrm{tl0}}}{\mathrm{FT}_{\mathrm{tl0}}} \end{bmatrix}_{3\times 1} \tag{2-44}$$

$$
\boldsymbol{x}_{\mathrm{r}} =
\begin{bmatrix}
\mathrm{TEI\text{-}tg} \\
\mathrm{TEI\text{-}nm} \\
t_{\mathrm{LT}} \\
\mathrm{FT}_{\mathrm{r}}
\end{bmatrix}_{4\times 1}
\tag{2-45}
$$

$$
\boldsymbol{c}_{\mathrm{r}} =
\begin{bmatrix}
\dfrac{h_{\mathrm{re}} - h_{\mathrm{re0}}}{h_{\mathrm{re0}}} \\[2mm]
\dfrac{\gamma_{\mathrm{re}} - \gamma_{\mathrm{re0}}}{\gamma_{\mathrm{re0}}} \\[2mm]
\dfrac{\lambda_{\mathrm{re}} - \lambda_{\mathrm{re0}}}{\lambda_{\mathrm{re0}}} \\[2mm]
\dfrac{i_{\mathrm{re}} - i_{\mathrm{re0}}}{i_{\mathrm{re0}}}
\end{bmatrix}_{4\times 1}
\tag{2-46}
$$

式中标称近月点高度 h_{cp0} 和近月轨道倾角 i_{c0} 分别为 200km 和 45deg。转移时间 $\mathrm{FT}_{\mathrm{tl0}}$ 假定为 5day。

TEI-tg 和 TEI-nm 为返回点火速度增量的切向和法向分量。为提高燃料使用效率，径向脉冲被禁止。t_{LT} 为月球停泊轨道返回点火时刻，FT_{r} 为返回时间。不同于时间 $\mathrm{FT}_{\mathrm{tl0}}$，为满足四子王旗着陆，$\mathrm{FT}_{\mathrm{r}}$ 取值区间为 $[4,5]\mathrm{day}$。需留 1day 时间余量，调整返回轨迹过顶四子王旗。h_{re0} 与 γ_{re0} 分别为 121km 与 $-6\mathrm{deg}$。为满足四子王旗着陆，λ_{re0} 与 i_{re0} 分别取为 48deg 和 45deg，对应的再入航程为 6046.17km，满足探月三期的任务约束。

本节给出 2 组仿真算例验证轨道设计算法的精确性与鲁棒性。表 2.1 和表 2.2 列出了地-月和月-地转移轨道的仿真计算结果。包括了圆锥曲线拼接模型下的轨道设计初值（IE）以及高精度模型下的收敛解（FS）。由表可知，积分终端误差 $f(x)$ 较小，可在 50 步迭代内消除。表 2.3 和表 2.4 给出了地月间转移轨道的目标参数。由表可知，为满足四子王旗着陆，返回时间在此算例中的取值为 4.71day。

图 2.17 和图 2.18 给出高精度模型下修正后的地-月和月-地转移轨道，轨道数据取至表 2.1 和表 2.2。两图在不同坐标系下展示了转移轨道在地月引力空间中形态。图 2.17 所示轨道位于地心 J2000 惯性坐标系，初始历元 2016-10-10 00:00:00。图 2.18 所示轨道位于月心 J2000 惯性坐标系，初始历元同样为 2016-10-10 00:00:00。

表 2.1　地-月转移轨道的设计初值与精确值

	TLI(km/s)	Ω(deg)	ω(deg)	$f(\boldsymbol{x})$	迭代
地-月转移（IE）	3.15179	182.098	0.0618	15.76	0
地-月转移（FS）	3.15449	189.195	356.177	8.351×10^{-11}	31

标注：发射历元时刻 2016-10-10 00:00:00,$a = 189467.627 \mathrm{km}, e = 0.9653, i = 40.0 \mathrm{deg},$
$\Omega = 189.795 \mathrm{deg}, \omega = 356.177 \mathrm{deg}, f = 4.616 \mathrm{e} \text{-} 13 \mathrm{deg}$

表 2.2　月-地转移轨道的设计初值与精确值

	TEI-tg(m/s)	TEI-nm(m/s)	发射时刻（MJD）	$f(\boldsymbol{x})$	迭代
月-地转移（IE）	805.927	0.0	57688.479	1.404×10^{2}	0
月-地转移（FS）	798.835	7.149	57688.606	1.760×10^{-6}	46

标注：发射历元时刻 2016-10-27 14:32:46.204,$a = 7432.60 \mathrm{km}, e = 1.2607, i = $
$51.990 \mathrm{deg}, \Omega = 70.442 \mathrm{deg}, \omega = 233.657 \mathrm{deg}, f = 359.969 \mathrm{deg}$

表 2.3　地-月转移轨道设计目标参数值

	h_{cp}(km)	i_{c}(deg)	飞行时间(day)
地-月转移轨道（FS）	199.999	45.0	5.0

标注：发射历元时刻 2016-10-10 00:00:00

表 2.4　月-地转移轨道设计目标参数值

	h_{re}(km)	γ_{re}(deg)	λ_{re}(deg)	i_{r}(deg)	飞行时间(day)
月-地转移轨道（FS）	121.0	−6.000	47.999	44.999	4.710

标注：发射历元时刻 2016-10-27 14:32:46.204

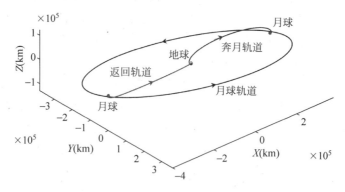

图 2.17　地心惯性坐标系下转移轨道示意图

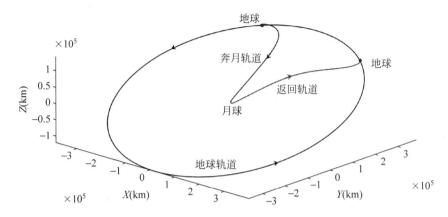

图 2.18　月心赤道惯性坐标系下转移轨道示意图

2.5　本 章 小 结

本章基于圆锥曲线拼接模型设计了地-月和月-地转移轨道。研究了圆锥曲线拼接模型下的轨道修正算法,并对窗口以及轨道特性进行了分析。研究表明,奔月点火速度增量的变化区间为 $[3.13, 3.17]$km/s;随地月距离增加,奔月点火速度增量单调增加;在 45day 时间跨度内,奔月点火速度增量近似呈周期性变化。奔月轨道倾角变化区间 $[5, 175]$deg,主要受月球纬度影响;在月球纬度变化区间内,随月球纬度增加,转移轨道倾角增加。在45day 时间跨度内,升交点赤经呈现周期性变化。不同于自由返回轨道,地月转移轨道可实现全月面覆盖;轨道倾角变化范围为 0deg 到 180deg。

月面停留时间主要由着月点纬度和月球停泊轨道倾角决定。随月球停泊轨道倾角增加,月面停留时间单调增加。月球返回速度增量变化区间为 $[0.8, 0.98]$km/s;返回速度增量随地月间距离的增加而减小。随着陆点纬度的增加,再入航程增加;随纬度偏置的增加,再入航程减小。

本章引入高精度地球引力模型验证轨道设计算法的有效性与精确性。以圆锥曲线拼接模型解作为初值,在高精度模型下修正初始轨道。计算表明,由高精度模型引力摄动引起的积分终端误差较小,采用 Trust-Region Dogleg 算法,误差可在 50 步迭代内消除。

第3章 载人登月多段自由返回轨道

3.1 引 言

以往的载人登月所采用轨道可以分为两类,自由返回轨道和 Hybrid 轨道。首次 Apollo 载人登月任务采用的是自由返回轨道,该轨道从近 200km 高的地球停泊轨道出发,飞行一段时间后抵达月球,近月高度在 100km 左右,可执行近月制动与着月,在不施加任何控制情况下可安全返回地球并着陆[3]。但鉴于自由返回轨道约束过强,设计难度较大,发射机会较少,并且不能很好地满足测控、光照等工程约束,Apollo 11 任务之后采用 Hybrid 轨道[4,23]。这种轨道由自由返回段与非自由返回段拼接而成。经地球停泊轨道奔月点火,飞船首先进入一条自由返回轨道;飞行大约一天后,飞船再次点火实施中途轨道转移,进入另一条非自由返回轨道,这段轨道近月距设计为 100km 左右,适合近月制动与着月。如飞船在此期间发生故障,在不执行操作的情况下,并不能自由返回与着陆。Hybrid 轨道相比自由返回轨道,具有更宽的发射窗口与着月范围,对飞行时间与燃料消耗的控制也更为灵活,有效地促使了轨道设计难度的降低。Apollo 计划开始时的三次任务均采用自由返回轨道,经停泊轨道奔月点火到近月制动。Apollo 11 任务之后,便采用 Hybrid 轨道,但因包含非自由返回段,破坏了奔月全程自由返回属性,致使飞船安全性降低,Apollo 13 发生事故之后,轨道设计又转向自由返回轨道[27-31]。

本章综合考虑 Hybrid 轨道与自由返回轨道优缺点并结合我国载人登月工程实际,提出了多段自由返回轨道的概念[152-153],如图 3.1 所示。不同于 Hybrid 轨道,这种轨道完全由自由返回段拼接而成,设计难度介于自由返回轨道与 Hybrid 轨道之间。其继承了 Hybrid 轨道优点,同样具有较宽发射窗口与着月范围,灵活的飞行时间与燃料消耗,并且在飞船发生故障不执行近月制动的情况下仍可安全自由返回,不需要施加任何机动。本章 3.2 节给出多段自由返回轨道完整定义。利用圆锥曲线拼接技术,构建了多段轨道半解析模型。3.3 节着重分析了多段轨道飞行时间、燃料消耗与

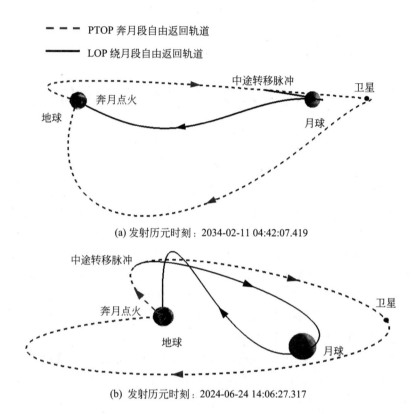

(a) 发射历元时刻：2034-02-11 04:42:07.419

(b) 发射历元时刻：2024-06-24 14:06:27.317

图 3.1   地月引力空间不同发射时刻的多段自由返回轨道

近月特性。3.4 节在高精度/全引力模型下，以半解析解为初值，通过微分修正，设计满足发射、着月和再入等约束条件的多段自由返回轨道，并通过数值仿真，验证了轨道设计算法的有效性与可行性。

3.2   多段自由返回轨道

3.2.1   轨道定义

多段自由返回轨道如图 3.2 所示，航天器经地球停泊轨道点火首先进入高近月距自由返回轨道，本书定义为奔月自由返回轨道（PTOP）。随后航天器伺机执行中途变轨，进入另一段低近月距奔月自由返回轨道，本书定义为绕月自由返回轨道（LOP），近月距设计在 100km 左右，可执行近月制动与着陆器的登月操作。此段奔月轨道同样被设计为自由返回轨道，在无

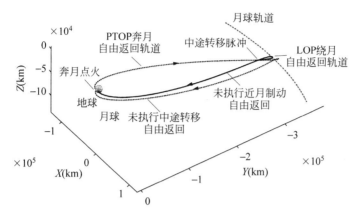

图 3.2 地月引力场中多段自由返回轨道

操控作用下,可经月球甩摆自行返回地球。本章后续推导中用下标 1 表示 PTOP 轨道参数,用下标 2 表示 LOP 段轨道参数。

多段自由返回轨道需在三个点满足特定的约束,分别是:奔月点火点、近月点和地球再入点。奔月点火点需满足近地距约束,在近月点需满足近月距约束。在地球再入点,为满足再入要求,需满足再入角约束和再入点高度的约束。再入角一般为负值,取值必须满足再入航程与气动热约束。如果再入角过小,飞行航迹不易控,飞船将高速弹出大气层。如果再入角过大,飞船承受的气动热载过大,又难以承受[26,27]。

3.2.2 多段自由返回轨道构建

本章采用圆锥曲线拼接模型构建了多段自由返回轨道半解析模型,并对轨道特性进行了深入分析。其轨道构建可分为如下三个阶段:

1) 逆向设计 LOP 段自由返回轨道。如图 3.3 所示,首先,猜测部分初始参数完成地心段返回轨道的模型构建,构建过程中引入了再入和月球返回约束条件,以降低轨道设计的自由度和难度。然后,判定 LSOI 处状态,进行轨迹切换,获得月心段双曲轨道,并完成对返回轨道和月心段轨道的修正。最后,逆向演化,获取地心段奔月轨道,完成对 LOP 轨道的构建。设计细节见 3.2.2.1 节。

2) 设计 PTOP 段自由返回轨道。基于 LOP 段返回轨道,在地心二体模型下解析设计 PTOP 段轨道,获得主要轨道根数。设计细节见 3.2.2.1 节。

　　3)中途转移。优化中途转移速度增量,获得剩余 PTOP 段轨道根数,完成对多段自由返回轨道的构建。设计细节见 3.2.3 节。

3.2.2.1　LOP 段自由返回轨道

　　LOP 段自由返回轨道设计流程见图 3.3 所示。首先,猜测初始条件,启动设计流程。然后,依据轨道构建算法,生成 LOP 段自由返回轨道,并获得终端状态。最后,判断终端状态是否满足给定约束。若残差落在指定区间,则计算收敛,输出轨道数据。若否,则还原算法,从新猜测初值进行迭代计算。整个设计流程可在数步迭代内收敛。

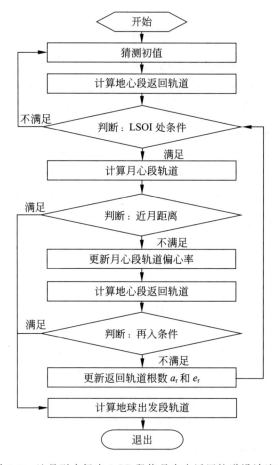

图 3.3　地月引力场中 LOP 段绕月自由返回轨道设计流程

在圆锥曲线拼接模型中,因转移轨道为二次曲线,轨迹方程可通过如下形式推导。选取轨道设计初值:$\Delta\alpha$、$\Delta\delta$、r_a、ω_r、t_{se}、h_{re}、γ、t_{ar}。其中,除时刻 t_{ar} 外,利用其余参数便可唯一确定一条地心段返回轨道。本章参考 Apollo 飞船任务[26,27],设置再入角 γ 为 $-6\mathrm{deg}$,再入点轨道高度 h_{re} 为 121km。由此,需猜测的剩余参数为:

(1) 月球出发:时间参数 t_{ar} 和从近月点到 LSOI 球面的飞行时间;

(2) 地球返回:地球返回段大椭圆轨道拱线相对于月球出发时刻地月连线的方位偏置、远地点半径和近地点幅角。

为获得可行初值,首先对初始条件进行了猜测,LOP 段自由返回轨道计算流程如下:

1. 定义 ω_r 为自由参数,通过给定初始条件 $\Delta\alpha$、$\Delta\delta$、r_a、ω_r、t_{se} 和 h_{re},推导地心段返回段轨道

在地球返回轨道设计中,TEI 时刻的月球纬度在本质上决定了地球着陆点纬度。两者数值大小近似,符号相反。而在一个月球停变期 18.6 年内,白赤夹角的变化范围为 $18°19'$ 到 $28°35'$。因此为满足我国载人登月高纬度着陆需求[154,155],轨道设计中,拱线相对地月连线需有一定的偏置。拱线偏置包含经度与纬度方向偏置,它将会影响到着陆点的纬度与着陆时刻。在地心 J2000 惯性坐标系中,偏置后的拱线单位矢量可表示为

$$\hat{r}(t_{TEI}) = \begin{bmatrix} \cos(\delta + \Delta\delta)\cos(\alpha + \Delta\alpha) \\ \cos(\delta + \Delta\delta)\sin(\alpha + \Delta\alpha) \\ \sin(\delta + \Delta\delta) \end{bmatrix} \tag{3-1}$$

$\hat{r}(t_{TEI})$ 仍可表述为轨道根数形式,由此便可建立轨道根数、月球经纬度和拱线偏置角度间的对应关系。近地点幅角变化范围为 $0 \leq \omega_r \leq 2\pi$ 范围,因此需分类讨论。

当 $0 \leq \omega_r < \dfrac{\pi}{2}$ 或 $\dfrac{3\pi}{2} \leq \omega_r < 2\pi$,有

$$\hat{r}(t_{TEI}) = -\begin{cases} \cos\varphi\cos(\Omega + \vartheta) \\ \cos\varphi\sin(\Omega + \vartheta) \\ \sin\varphi \end{cases} \tag{3-2}$$

当 $\dfrac{\pi}{2} \leq \omega_r \leq \dfrac{3\pi}{2}$,有

$$\hat{r}(t_{TEI}) = -\begin{cases} \cos\varphi\cos[\Omega_r + \pi + \vartheta] \\ \cos\varphi\sin[\Omega_r + \pi + \vartheta] \\ \sin\omega_r\sin i_r \end{cases} \tag{3-3}$$

其中

$$\varphi = \begin{cases} \arcsin(\sin\omega_r \sin i_r) & 0 \leqslant \omega_r \leqslant \pi \\ -\arcsin(\sin\omega_r \sin i_r) & \pi < \omega_r \leqslant 2\pi \end{cases} \tag{3-4}$$

$$\tan\vartheta = \tan\omega \cos i \tag{3-5}$$

式中，φ 为近地点纬度，ϑ 为拱线与节线在赤道面夹角。通过上述方程可得

$$\sin(\delta + \Delta\delta) + \sin\omega_r \sin i_r = 0 \tag{3-6}$$

设置参数 ω_r 为自由参数，由此可将式(3-1)~式(3-5)解耦，获得轨道根数 (i_r, Ω_r) 与参数 $(\delta + \Delta\delta, \alpha + \Delta\alpha)$ 间的解析关联式：

$$i_r = -\arcsin\frac{\sin(\delta + \Delta\delta)}{\sin\omega_r} \tag{3-7}$$

$$\Omega_r = -\arccos\frac{\cos(\delta + \Delta\delta)\cos(\alpha + \Delta\alpha)}{\cos\varphi} - \arctan(\tan\omega_r \cos i_r) \tag{3-8}$$

轨道根数 (e_r, f_r) 与参数 γ 间关系可由文献[37]给出：

$$\sin\gamma = -\frac{e_r \sin f_r}{\sqrt{1 + 2e_r \cos f_r + e_r^2}} \tag{3-9}$$

地心返回段轨道的再入点与远地点半径为

$$r_{re} = \frac{a_r(1 - e_r^2)}{1 + e_r \cos f_r} = r_E + h_E \tag{3-10}$$

$$r_a = a_r(1 + e_r) = r_M + r_{EM} + h_a \tag{3-11}$$

至此，获得三个关于返回椭圆轨道根数的独立方程式(3-9)~式(3-11)。注意到若方程(3-9)中 e_r 给定，f_r 便可表示为

$$f_r = 2\pi - \arccos\left(\frac{-\sin^2\gamma + \cos\gamma\sqrt{e_r^2 - \sin^2\gamma}}{e_r}\right) \tag{3-12}$$

由此，将方程(3-11)和方程(3-12)代入方程(3-10)右端项，经整理可得如下非线性方程：

$$\frac{r_a}{r_{re}} = \frac{\cos^2\gamma + \cos\gamma\sqrt{e_r^2 - \sin^2\gamma}}{1 - e_r} \tag{3-13}$$

并可进一步整理为

$$f(e_r) = e_r^2(\kappa^2 - \cos^2\gamma) + e_r(2\kappa\cos^2\gamma - 2\kappa^2) + \kappa^2 - 2\kappa\cos^2\gamma + \cos^2\gamma = 0 \tag{3-14}$$

其中

$$\kappa = \frac{r_a}{r_{re}} \tag{3-15}$$

分析方程(3-14)，可知 $f(e_r)$ 为关于 e_r 的二次函数，方程在区间 $[0, +\infty)$

内存在一个或两个不同实数解。通过判定实数解是否有物理意义,来确定最终偏心率值。在圆锥曲线拼接模型下,地心段返回轨道为大椭圆轨道,偏心率需满足:

$$0 < e_r < 1 \tag{3-16}$$

注意到方程(3-14)判别式:

$$\Delta = 4 (\kappa - 1)^2 \cos^4 \gamma > 0 \tag{3-17}$$

由此可知方程存在两个不同实数解。容易验证其中一个解为 $e_r = 1$,对应引力空间中的抛物线轨道,不满足约束条件(3-16)。因此,方程仅存的唯一解为

$$e_r = \frac{\kappa^2 - (2\kappa - 1) \cos^2 \gamma}{\kappa^2 - \cos^2 \gamma} \tag{3-18}$$

将上式代入方程(3-11),可得返回轨道半长轴

$$a_r = \frac{r_a}{1 + e_r} \tag{3-19}$$

至此,获得 LOP 段自由返回轨道设计模型。后续计算将对轨道进行修正,以满足给定约束,如图 3.3 所示。

2. 设计迭代算法,修正初始地心段返回轨道,使其满足给定近月距与地球大气层再入约束

实施圆锥曲线拼接技术,关键在于 LSOI 表面航天器状态检测。本节基于 Newton-Raphson 理论,构建了 LSOI 附近航天器状态求解器。求解器首先求取给定时刻返回轨道到月球最短距离,并获得对应真近点角 f_{rmin}。然后,以 f_{rmin} 为初值,基于 Newton-Raphson 算法,迭代计算 LSOI 出口点返回轨道真近点角 f_{rse}。最后,根据开普勒方程,将 LSOI 出口点对应轨道根数转换为航天器状态,实施曲线拼接。具体细节如下:

不同初始条件对应不同类轨道。本章研究工作仅针对椭圆与双曲轨道展开。抛物线轨道因在数值计算中极难或不可能产生,因此本研究予以忽略。首先以椭圆轨道为例.

1) $0 < e_r < 1$(地心段返回轨道为椭圆轨道)。此为最常见类型。下述求解算法推导均基于轨道坐标系 $(\boldsymbol{R}, \boldsymbol{S}, \boldsymbol{T})$。如图 3.4 所示,单位矢量 $\hat{\boldsymbol{R}}$ 沿偏心率指向轨道近地点;单位矢量 $\hat{\boldsymbol{T}}$ 垂直于轨道面指向角动量方向;单位矢量 $\hat{\boldsymbol{S}}$ 与 $(\hat{\boldsymbol{R}}, \hat{\boldsymbol{T}})$ 构成右手正交系。根据曲线参数方程,可得此坐标系中航天器的位置矢量:

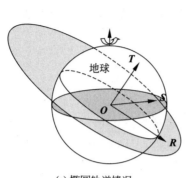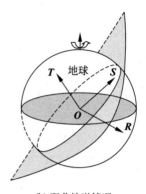

(a) 椭圆轨道情况   (b) 双曲轨道情况

图 3.4   轨道坐标系$(\boldsymbol{R}, \boldsymbol{S}, \boldsymbol{T})$定义示意图

$$\begin{cases} x_r = a_r\cos\theta - c_r \\ y_r = b_r\sin\theta \\ z_r = 0 \end{cases} \tag{3-20}$$

θ 为参数方程中角度量,由此可得月球到地球返回轨道的距离

$$\begin{aligned} F &= \sqrt{(x - v_M)^2 + (y - \nu_M)^2 + (z - w_M)^2} \\ &= \sqrt{(a_r\cos\theta - v_M)^2 + (b_r\sin\theta - \nu_M)^2 + w_M^2} \end{aligned} \tag{3-21}$$

其中,参数 v_M,ν_M 和 w_M 为月球相对地球的位置矢量 r_{EM} 在原点位于椭圆中心、三轴方向平行于单位矢量$(\hat{\boldsymbol{R}}, \hat{\boldsymbol{S}}, \hat{\boldsymbol{T}})$坐标系中的投影:

$$\begin{cases} v_M - c_r = r_{EM} \cdot \hat{\boldsymbol{R}} \\ \nu_M = \boldsymbol{r}_{EM} \cdot \hat{\boldsymbol{S}} \\ w_M = \boldsymbol{r}_{EM} \cdot \hat{\boldsymbol{T}} \end{cases} \tag{3-22}$$

$$c_r = a_r e_r \tag{3-23}$$

为求取最小距离 F_{min},将 F^2 对 θ 求导

$$\frac{dF^2}{d\theta} = 2(a_r\cos\theta - v_M)(-a_r\sin\theta) + 2(b_r\sin\theta - \nu_M)b_r\cos\theta = 0 \tag{3-24}$$

可进一步简化为

$$(b_r^2 - a_r^2)\cos\theta\sin\theta - b_r\nu_M\cos\theta + a_r v_M\sin\theta = 0 \tag{3-25}$$

定义

$$\begin{cases} \cos\theta = u_r + c \\ \sin\theta = v_r + d \end{cases} \tag{3-26}$$

其中

$$c = -\frac{a_r \upsilon_M}{b_r^2 - a_r^2} \tag{3-27}$$

$$d = \frac{b_r \nu_M}{b_r^2 - a_r^2} \tag{3-28}$$

将式(3-26)～式(3-28)代入方程(3-25),可得

$$(b_r^2 - a_r^2)\left(u_r - \frac{a_r \upsilon_M}{b_r^2 - a_r^2}\right)\left(v_r + \frac{b_r \nu_M}{b_r^2 - a_r^2}\right) - b_r \nu_M\left(u_r - \frac{a_r \upsilon_M}{b_r^2 - a_r^2}\right) +$$

$$a_r \upsilon_M\left(v_r + \frac{b_r \nu_M}{b_r^2 - a_r^2}\right) = 0 \tag{3-29}$$

$$(b_r^2 - a_r^2)u_r v_r + \frac{a_r b_r \upsilon_M \nu_M}{b_r^2 - a_r^2} = 0 \tag{3-30}$$

定义

$$\tau = u_r v_r = -\frac{a_r b_r}{(b_r^2 - a_r^2)^2}\upsilon_M \nu_M \tag{3-31}$$

式(3-26)可进一步整理为

$$(u_r + c)^2 + (v_r + d)^2 = 1 \tag{3-32}$$

由此,将式(3-27)、式(3-28)和式(3-31)代入上述方程(3-32),可得如下关于 u_r 的四次方程:

$$u_r^4 + 2cu_r^3 + (c^2 + d^2 - 1)u_r^2 + 2\tau u_r d + \tau^2 = 0 \tag{3-33}$$

通过求解上述方程,便可获得 $(\boldsymbol{R}, \boldsymbol{S}, \boldsymbol{T})$ 坐标系下航天器最佳位置矢量,

$$\begin{cases} x_{r\min} = a_r \cos(u_{r\min} + c) - c_r \\ y_{r\min} = b_r \sin(v_{r\min} + d) \\ z_{r\min} = 0 \end{cases} \tag{3-34}$$

其对应距离便为月球到地心返回轨道最短距离:

$$F_{\min} = \sqrt{(x_{r\min} - \upsilon_M)^2 + (y_{r\min} - \nu_M)^2 + w_M^2} \tag{3-35}$$

$u_{r\min}$ 为方程(3-33)实数解。对应航天器的真近点角为

$$f_r(F_{\min}) = \arctan_{(2)}\left(\frac{y_{r\min}}{x_{r\min}}\right) \tag{3-36}$$

其次,考虑双曲轨道情况:

2) $e_r > 1$(地心段返回轨道为双曲轨道)。此种情形出现概率较低。与上述椭圆轨道推导步骤类似,首先在轨道坐标系 $(\boldsymbol{R}, \boldsymbol{S}, \boldsymbol{T})$ 中描述航天器位置矢量(如图 3.4 所示):

$$\begin{cases} x_r = a_r \sec\theta + c_r \\ y_r = b_r \tan\theta \\ z_r = 0 \end{cases} \tag{3-37}$$

由此,月球到双曲返回轨道距离可表示为

$$\begin{aligned} F &= \sqrt{(x_r - \upsilon_M)^2 + (y_r - \nu_M)^2 + (z_r - w_M)^2} \\ &= \sqrt{(a_r \sec\theta - \upsilon_M)^2 + (b_r \tan\theta - \nu_M)^2 + w_M^2} \end{aligned} \tag{3-38}$$

其中

$$\begin{cases} \upsilon_M + c_r = \boldsymbol{r}_{EM} \cdot \hat{\boldsymbol{R}} \\ \nu_M = \boldsymbol{r}_{EM} \cdot \hat{\boldsymbol{S}} \\ w_M = \boldsymbol{r}_{EM} \cdot \hat{\boldsymbol{T}} \end{cases} \tag{3-39}$$

对 F^2 求导,可得

$$\frac{\mathrm{d}F^2}{\mathrm{d}\theta} = 2(a_r^2 + b_r^2)\sec\theta\tan\theta - 2a_r\upsilon_M\tan\theta + 2b_r\nu_M\sec\theta = 0 \tag{3-40}$$

其中

$$\begin{cases} \sec\theta = u_r + c \\ \tan\theta = v_r + d \end{cases} \tag{3-41}$$

$$c = \frac{a_r \upsilon_M}{a_r^2 + b_r^2} \tag{3-42}$$

$$d = \frac{b_r \nu_M}{a_r^2 + b_r^2} \tag{3-43}$$

定义

$$\tau = u_r v_r = \frac{a_r b_r}{a_r^2 + b_r^2} \upsilon_M \nu_M \tag{3-44}$$

基于方程(3-40),方程(3-41)可规划为关于 u_r 的函数:

$$u_r^4 + 2cu_r^3 + (c^2 - d^2 - 1)u_r^2 - 2\tau u_r d - \tau^2 = 0 \tag{3-45}$$

结合方程(3-37)与方程(3-45),可推得如下解:

$$\begin{cases} x_{r\min} = a_r \sec(u_{r\min} + c) + c_r \\ y_{r\min} = b_r \tan(v_{r\min} + d) \end{cases} \tag{3-46}$$

由此,最短距离为

$$F_{\min} = \sqrt{(x_{r\min} - \upsilon_M)^2 + (y_{r\min} - \nu_M)^2 + w_M^2} \tag{3-47}$$

对应真近点角为

$$f_r(F_{\min}) = \arctan_{(2)}\left(\frac{y_{r\min}}{x_{r\min}}\right) \tag{3-48}$$

至此,求得了椭圆与双曲轨道情况下的 $F_{\min}$ 与 $f_r(F_{\min})$。为保证轨迹与 LSOI 相交,$F_{\min}$ 需小于 LSOI 半径,若不满足要求,算法还原到第一步,重新猜测初值,流程如图 3.3 所示。若 $F_{\min}$ 满足要求,基于 Newton-Raphson 迭代算法,修正初值 $f_r(F_{\min})$ 获得返回轨迹与 LSOI 交点处真近点角 f_{rse}。由此,可得地心 J2000 坐标系下,航天器在 LSOI 出口点处的位置和速度矢量:

$$\boldsymbol{r}_{se} = r_{se}\cos f_{se}\hat{\boldsymbol{P}} + r_{se}\sin f_{se}\hat{\boldsymbol{Q}} \tag{3-49}$$

$$\boldsymbol{v}_{se} = \sqrt{\frac{\mu_E}{a_r(1-e_r^2)}}\left[-\sin f_{se}\hat{\boldsymbol{P}} + (e_r + \cos f_{se})\hat{\boldsymbol{Q}}\right] \tag{3-50}$$

其中

$$\hat{\boldsymbol{P}} = \begin{bmatrix} \cos\omega_r\cos\Omega_r - \sin\omega_r\sin\Omega_r\cos i_r \\ \cos\omega_r\sin\Omega_r + \sin\omega_r\cos\Omega_r\cos i_r \\ \sin\omega_r\sin i_r \end{bmatrix} \tag{3-51}$$

$$\hat{\boldsymbol{Q}} = \begin{bmatrix} -\sin\omega_r\cos\Omega_r - \cos\omega_r\sin\Omega_r\cos i_r \\ -\sin\omega_r\sin\Omega_r + \cos\omega_r\cos\Omega_r\cos i_r \\ \cos\omega_r\cos i_r \end{bmatrix} \tag{3-52}$$

分别为偏心率和半通径的单位矢量。读取星历 JPL DE405,可得 t_{se} 时刻地心 J2000 坐标系下月球相对地球位置速度矢量。由此,出口点时刻航天器相对月球位置和速度矢量为

$$\boldsymbol{r}_{se}^* = \boldsymbol{r}_{se} - \boldsymbol{r}_{EM} \tag{3-53}$$

$$\boldsymbol{v}_{se}^* = \boldsymbol{v}_{se} - \boldsymbol{v}_{EM} \tag{3-54}$$

绕月段轨道近月距为

$$r_{pc} = a_c(1 - e_c) \tag{3-55}$$

其中

$$a_c = \frac{r_{LSOI}}{2 - \dfrac{r_{LSOI}\,\|\boldsymbol{v}_{se}^*\|^2}{\mu_M}} \tag{3-56}$$

$$e_c = \sqrt{1 - \frac{\|\boldsymbol{r}_{se}^* \times \boldsymbol{v}_{se}^*\|^2}{a_c\mu_M}} \tag{3-57}$$

如图 3.3 所示,将 r_{pc} 与给定最佳半径值比对。残差若落在给定误差区间,算法收敛。若否,采用简单迭代算法消除两者间误差。迭代过程如下:

重新赋值偏心率为

$$e_{cnew} = -\frac{r_{pc0}}{a_c} + 1 \tag{3-58}$$

以满足近月距要求。由更新后近月点状态为起点,正向演化轨道至地球再入点(EEI),获得新的地心段返回轨道,如图 3.3 所示。比对当前 EEI 状态与标称状态,若残差落在给定范围,迭代收敛,若否,更新如下轨道根数以满足再入状态

$$e_{\text{rnew}} = \frac{\kappa_{\text{new}}^2 - (2\kappa_{\text{new}} - 1)\cos^2\gamma}{\kappa_{\text{new}}^2 - \cos^2\gamma} \tag{3-59}$$

$$a_{\text{rnew}} = \frac{r_{\text{anew}}}{1 + e_{\text{rnew}}} \tag{3-60}$$

其中

$$\kappa_{\text{new}} = \frac{r_{\text{anew}}}{r_{\text{re}}} \tag{3-61}$$

由修正后 EEI 状态为初始状态,逆向演化轨道至近月点,重新评估近月点状态。如此反复迭代,直到近月距与 EEI 状态均满足给定约束,如图 3.3 所示。此迭代修正可在数步内收敛。

3. 逆向演化月心段轨道至 LSOI 入口点,通过状态转换,获得入口点处航天器相对地球状态,进而求得地球出发段轨道根数

航天器到达 LSOI 入口点时刻为

$$t_{\text{s}} = t_{\text{se}} - 2T_{\text{c}} \tag{3-62}$$

其中

$$T_{\text{c}} = \sqrt{-\frac{(a_{\text{c}})^3}{\mu_{\text{M}}}}(e_{\text{c}}\sinh H_{\text{cse}} - H_{\text{cse}}) \tag{3-63}$$

为近月点到 LSOI 出口点的时间。角度 H_{cse} 为

$$\tan\frac{H_{\text{cse}}}{2} = \sqrt{\frac{e_{\text{c}} - 1}{e_{\text{c}} + 1}}\tan\frac{f_{\text{cse}}}{2} \tag{3-64}$$

读取星历文件 JPL DE405,可获得 t_{s} 时刻月球相对地球状态(r_{EM}, v_{EM}),由此可得 LSOI 入口点处航天器相对地球的状态矢量:

$$r_{\text{s}} = r_{\text{s}}^* + r_{\text{EM}} \tag{3-65}$$

$$v_{\text{s}} = v_{\text{s}}^* + v_{\text{EM}} \tag{3-66}$$

至此,获得了满足近月距约束与地球大气层再入约束的 LOP 段自由返回轨道。PTOP 段自由返回轨道推导亦基于 LOP 段轨道。

3.2.2.2 PTOP 段自由返回轨道

本节致力于推导 PTOP 段自由返回轨道。在圆锥曲线拼接模型下,我们假设 PTOP 段自由返回轨道为以地球为中心的大椭圆轨道,轨道平面与 LOP 地球出发段轨道共面。由此可得

$$i_1 = i_{tl}, \quad \Omega_1 = \Omega_{tl} \tag{3-67}$$

类似于公式(3-18)，PTOP 段大椭圆轨道偏心率可计算为

$$e_1 = -\frac{\kappa_1^2 - (2\kappa_1 - 1)\cos^2\gamma}{\kappa_1^2 - \cos^2\gamma} \tag{3-68}$$

其中

$$\kappa_1 = \frac{r_{p_1}}{r_{re_1}} \tag{3-69}$$

$$r_{p_1} = a_1(1 - e_1) = r_E + h_o \tag{3-70}$$

式中 r_{p_1} 为远月点半径，h_o 为地球停泊轨道的标称高度。

鉴于假设规定，PTOP 段轨道偏心率需满足约束 $0 < e_1 < 1$。由此，需控制变量 κ_1 取值使其对应椭圆轨道。图 3.5 给出了 κ_1 与偏心率 e_1 的对应关系。由图可见，为保证 $0 < e_1 < 1$，κ_1 需限制在 $0 < \kappa_1 < 1$。

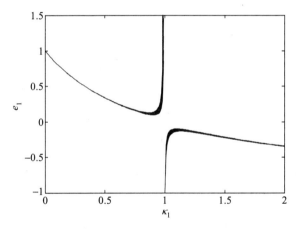

图 3.5　$\gamma = [-7.5, -5.5]$deg 范围内偏心率 e_1 随无量纲数 κ_1 的变化

由此，给定参数 ω_1，便可完全获得 PTOP 段自由返回轨道根数。参数 ω_1 的取值将在 3.2.3 节中给出。

3.2.3　中途转移脉冲

基于 3.2.2 节，已完成对 PTOP 与 LOP 段自由返回轨道定义以及推导。本节致力于优化两段自由返回轨道中途切换所需的速度增量：

$$\Delta v = v_2(a_{tl}, e_{tl}, i_{tl}, \Omega_{tl}, \omega_{tl}, f_{tl}(t_v)) - $$
$$v_1(a_1, e_1, i_1, \Omega_1, \omega_1, f_1(t_v)) \tag{3-71}$$

其中函数 $v(a, e, i, \Omega, \omega, f)$ 功能为将给定的轨道根数转为地球 J2000 坐标

系下航天器的速度矢量,$f(t_v)$为中途转移时刻航天器在 PTOP 段轨道的真近点角。

假设中途转移脉冲发生在 $f_{tl}(t_v)$ 处,针对不同偏心率的 LOP 段奔月轨道,实施中途转移所需的速度增量为:

1) $0 < e_{tl} < 1$(LOP 段奔月轨道为椭圆轨道)。这是最为常见类型。定义椭圆坐标系 (x', y'),如图 3.6(a)所示,中途转移点的位置矢量可表示为

$$\begin{cases} \dfrac{x_{tl}'^2}{a_{tl}^2} + \dfrac{y_{tl}'^2}{b_{tl}^2} = 1 \\ \tan\phi = \dfrac{y_{tl}'}{x_{tl}'} \end{cases} \tag{3-72}$$

$$x_{tl}' = \pm \frac{a_{tl} b_{tl}}{\sqrt{a_{tl}^2 \tan^2\phi + b_{tl}^2}} \tag{3-73}$$

$$y_{tl}' = x_{tl}' \tan\phi \tag{3-74}$$

其中 b_{tl} 为椭圆轨道的半短轴。

定义椭圆轨道坐标系 (x', y'),如图 3.6(a)所示。基于给定真近点角 $f_{tl}(t_v)$,中途点火点位置在此坐标系下可表示为

$$x_{tl} = \begin{cases} |x_{tl}'| - a_{tl} e_{tl}, & 0 \leqslant \phi < \dfrac{\pi}{2}, \dfrac{3}{2}\pi \leqslant \phi < 2\pi \\ -|x_{tl}'| - a_{tl} e_{tl}, & \dfrac{\pi}{2} \leqslant \phi < \dfrac{3}{2}\pi \end{cases} \tag{3-75}$$

$$y_{tl} = \begin{cases} |y_{tl}'|, & 0 \leqslant \phi < \pi \\ -|y_{tl}'|, & \pi \leqslant \phi < 2\pi \end{cases} \tag{3-76}$$

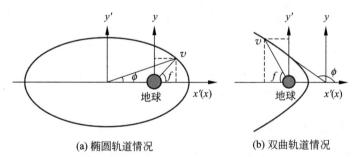

(a) 椭圆轨道情况   (b) 双曲轨道情况

图 3.6　轨道坐标系 (x, y) 和直角坐标系 (x', y')

由此

$$f_{tl}(t_v) = \arctan_{(2)} \left(\frac{y_{tl}}{x_{tl}} \right) \tag{3-77}$$

为参数 ϕ 的函数。

2) $e_{tl} > 1$（LOP 段奔月轨道为双曲轨道）。这种类型出现较少。与上述推导步骤相似，在双曲坐标系中，中途变轨点位置矢量可表示为

$$\begin{cases} \dfrac{x_{tl}'^2}{a_{tl}^2} - \dfrac{y_{tl}'^2}{b_{tl}^2} = 1 \\ \tan\phi = \dfrac{y_{tl}'}{x_{tl}'} \end{cases} \tag{3-78}$$

$$x_{tl}' = -\frac{a_{tl} b_{tl}}{\sqrt{b_{tl}^2 - a_{tl}^2 \tan^2\phi}} \tag{3-79}$$

$$y_{tl}' = x_{tl}' \tan\phi \tag{3-80}$$

转换到双曲轨道坐标系，

$$x_{tl} = x_{tl}' + a_{tl} e_{tl}, \quad \pi - \lambda < \phi < \pi + \lambda \tag{3-81}$$

$$y_{tl} = \begin{cases} |y_{tl}'|, & \pi - \lambda < \phi \leqslant \lambda \\ -|y_{tl}'|, & \pi < \phi < \pi + \lambda \end{cases} \tag{3-82}$$

其中

$$\lambda = \arctan_{(2)}\left(\frac{b_{tl}}{a_{tl}}\right) \tag{3-83}$$

由此

$$f_{tl} = \arctan_{(2)}\left(\frac{y_{tl}}{x_{tl}}\right) \tag{3-84}$$

变轨点位置矢量在不同坐标系 (x, y) 与 (x', y') 中可通过下列非线性方程组关联：

$$\begin{cases} x_1^2 + y_1^2 = R^2 \\ \dfrac{(x_1 + c_1)^2}{a_1^2} + \dfrac{y_1^2}{b_1^2} = 1 \\ x_{tl}^2 + y_{tl}^2 = R^2 \end{cases} \tag{3-85}$$

求解上述方程组可得

$$\begin{cases} x_1 = \dfrac{b_1^2 \pm a_1 R}{c_1} \\ y_1^2 = R^2 - x_1^2 \end{cases} \tag{3-86}$$

鉴于需满足约束 $x_1 \leqslant R$，$y_1 \leqslant R$，解 $x_1 = \dfrac{b_1^2 + a_1 R}{c_1}$ 被删除。如果 $\dfrac{b_1^2 - a_1 R}{c_1} \leqslant R$，则 x_1 可最终表示为

$$x_1 = \frac{b_1^2 - a_1 R}{c_1} \tag{3-87}$$

通过上述求解，PTOP 段轨道中途变轨点真近点可表示为

$$f_1(t_v) = \arctan_{(2)}\left(\frac{y_1}{x_1}\right) \tag{3-88}$$

由参数 θ 表示 PTOP 与 LOP 段奔月轨道拱线间夹角

$$\begin{bmatrix} x_2 \\ y_2 \end{bmatrix} = \begin{bmatrix} \cos\theta & \sin\theta \\ -\sin\theta & \cos\theta \end{bmatrix}\begin{bmatrix} x_{tl} \\ y_{tl} \end{bmatrix} \tag{3-89}$$

求解参数 θ，可得

$$\theta = \arctan_{(2)}\left(\frac{\sin\theta}{\cos\theta}\right) = \arctan_{(2)}\left(\frac{y_{tl}}{x_{tl}} - \frac{y_2(x_{tl}^2 + y_{tl}^2)}{x_{tl}(x_{tl}x_2 + y_{tl}y_2)}\right) \tag{3-90}$$

最终，可得 PTOP 段自由返回轨道根数 ω_1：

$$\omega_1 = \omega_{tl} + \theta \tag{3-91}$$

至此，对任意给定参数 ϕ，可完全确定 PTOP 段自由返回轨道。

结合上述推导，中途转移速度增量 Δv 可表示为真近点角 $f_{tl}(t_v)$ 的函数，如图 3.7 所示。图 3.7 给出不同 $f_{tl}(t_v)$ 下的多段自由返回轨道，其中参数 κ_1 固定在 0.9889。图示返回轨道均满足再入点约束：轨道高度 121km，再入角 -6.5deg。LOP 段自由返回轨道近月距离为 100km。图 3.8 给出不同中途转移时刻对应的转移速度增量和奔月时间。奔月时间定义为地球停泊轨道奔月点火到 LSOI 入口点时间。由图可知，转移速度增量随 $f_{tl}(t_v)$ 增加而增大。奔月时间开始随 $f_{tl}(t_v)$ 增加而减小，在 156deg 附近达到最小，随后便快速增大。因此在 156deg 附近，转移脉冲与飞行时间均达到最小，这种特殊性可为后续的工程任务设计提供参考。

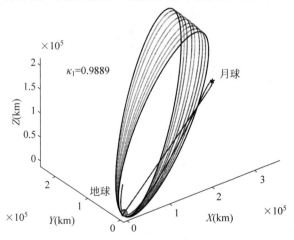

图 3.7　不同 $f_{tl}(t_v)$ 取值下的多段自由返回轨道

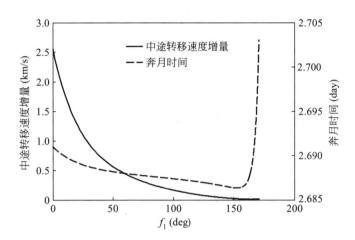

图 3.8　中途转移速度增量和奔月时间随 $f_{t1}(t_v)$ 的变化

3.3　多段自由返回轨道特性分析

图 3.9 所示为地心 J2000 坐标系下的四类多段自由返回轨道。每类多段轨道 LOP 段近月距均为 100km，返回轨道再入角为 −6deg，再入点高度 121km，满足月球登陆与地球大气层再入要求。表 3.1 给出了四类轨道特征。

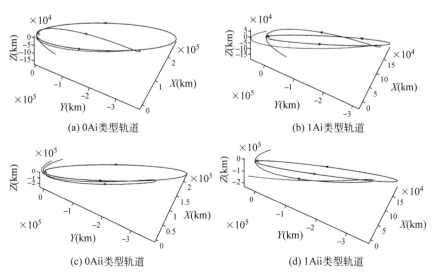

(a) 0Ai类型轨道　　　　　　　　　(b) 1Ai类型轨道

(c) 0Aii类型轨道　　　　　　　　　(d) 1Aii类型轨道

图 3.9　地心 J2000 坐标系下四类多段自由返回轨道

轨道分类依地球出发、月球到达与地球返回轨道方向而定。研究发现,自由返回轨道近月点或分布在地月连线间或分布在地月连线之外的靠近月球端,由此决定了不同特性的轨道。本章研究针对适用于载人登月的绕月自由返回轨道展开。地月间自由返回轨道因飞行时间过久,在本书中不予考虑。

表 3.1　多段自由返回轨道分类

特征	代号	定义
地球出发	0	正向
	1	逆向
月球环绕	A	逆向绕月
地球返回	i	正向
	ii	逆向

文献[55]中给出了圆锥曲线拼接模型与高精度模型下的自由返回轨道特性对比。研究表明,圆锥曲线拼接模型适用于自由返回轨道的设计和特性研究。因此,本章多段轨道特性研究也将基于圆锥曲线拼接模型展开。

3.3.1　轨道特性

图 3.10(a)给出不共面的 LOP 正向返回轨道倾角随自由参数 ω_r 的变化。本图所涉及计算均基于公式(3-7)。由图可知,轨道倾角在 28deg 到 43deg 内变化,在 ω_r 等于 90.8deg 时达到最小值。

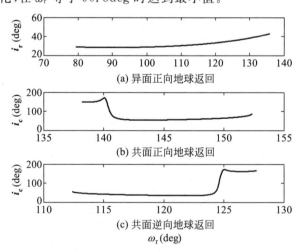

图 3.10　返回轨道倾角随 ω_r 的变化

图 3.11 给出 LOP 段自由返回轨道近月距与近地距随 ω_r 的变化。由图可知,轨道所能达到的最小近月距为 1650km,最小近地距为 5585km。这两个参数均为多段轨道设计中需重点考虑参数。图 3.12 给出中途转移速度增量与奔月点火速度增量随 ω_r 的变化。由图可知,ω_r 的变化会对中途转移速度增量产生较大影响而对奔月点火速度增量的影响微弱。

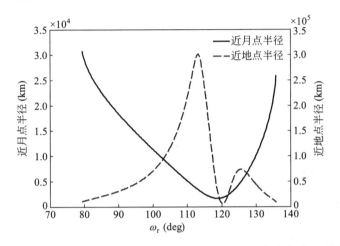

图 3.11　正向异面返回轨道情况下 LOP 近月点和近地点半径随 ω_r 的变化

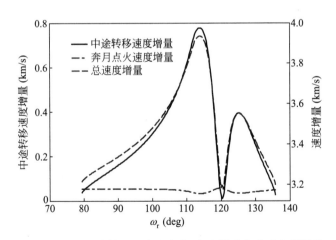

图 3.12　正向异面返回轨道情况下奔月点火、中途转移和总速度增量随 ω_r 的变化

图 3.13 给出正向异面情况下 LOP 段返回轨道对应的总飞行时间随 ω_r 的变化。总飞行时间定义为从奔月点火到地球再入点航天器所飞行的时间。图示总飞行时间随参数 ω_r 迅速变化,在 ω_r 等于 119.6deg 处达到最

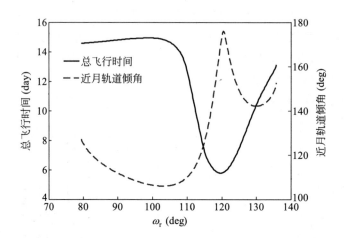

图 3.13   正向异面返回轨道情况下总飞行时间和 LOP 近月轨道倾角随 ω_r 的变化

小。图 3.13 给出 LOP 月心段轨道倾角随参数 ω_r 的变化。图示倾角变化范围为 106deg 到 176deg。

图 3.14 给出正向共面情况下 LOP 段轨道半径随 ω_r 的变化。图示 LOP 近月距在 628～5697km 的范围内变化,近地点距离在 －41～38380km 内变化。近地点半径数值大小会直接影响中途转移速度增量数值。图 3.10(b)给出 LOP 月心段轨道相对月球赤道倾角随参数 ω_r 的变化。图示轨道倾角在 55deg 到 172deg 范围内变化,可以很好地满足全月面覆盖需求。近月轨道倾角为 90deg 轨道可以很好地适用于月球极地探测。

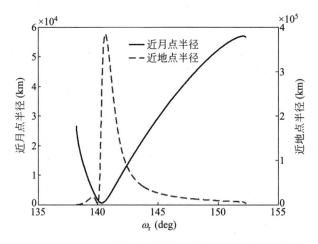

图 3.14   正向共面返回轨道情况下 LOP 近月点和近地点半径随 ω_r 的变化

图 3.15～图 3.17 给出逆向异面情况下多段自由返回轨道特性随 ω_r 的变化。由图可知,逆向异面轨道特性与对应的正向轨道特性相似。异面逆向轨道对应 ω_r 的参数变化范围为 20deg 到 160deg,大于正向异面情况。有利于 LOP 段返回轨道倾角可达区间的扩大。另外,异面逆向相比异面正向情况,对应更小的近月距和转移速度增量。图 3.17 给出 LOP 段返回轨道倾角 i_r 和总飞行时间随 ω_r 的变化。异面逆向返回轨道对应倾角 i_r 变化范围为 67deg 到 176deg,大于异面正向情况。同时,大多数情况下,对于给定速度增量,异面逆向返回轨道对应飞行时间久于异面正向情况。

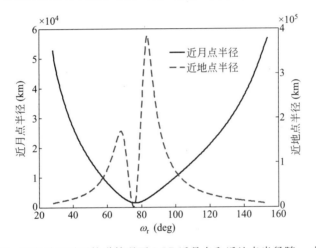

图 3.15 逆向异面返回轨道情况下 LOP 近月点和近地点半径随 ω_r 的变化

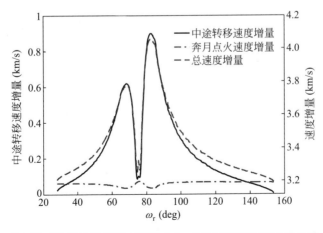

图 3.16 逆向异面返回轨道情况下奔月点火、中途转移和总速度增量随 ω_r 的变化

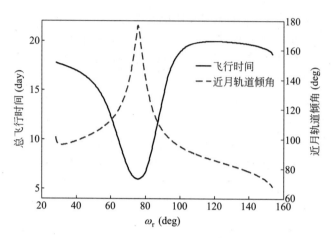

图 3.17　逆向异面返回轨道情况下总飞行时间和 LOP 近月轨道倾角随 ω_r 的变化

　　对多段自由返回轨道的特性研究表明,由于第二段奔月自由返回轨道的引入,参数 ω_r 的取值范围要大于单段自由返回轨道。灵活的 ω_r 取值对应了灵活的近月轨道倾角、转移速度增量和飞行时间。由此对应了更好的全月面覆盖特性与更广的发射窗口。

　　图 3.18 与图 3.10(c)给出了共面情况下逆向 LOP 段返回轨道对应的多段轨道特性随参数 ω_r 的变化。图 3.18 所示轨道特性曲线近似对称于图 3.14 所示曲线。图 3.10(c)给出共面逆向情况下近月轨道倾角随参数 ω_r 的变化。由图可知,轨道倾角开始随参数 ω_r 缓慢减小,在 ω_r 等于

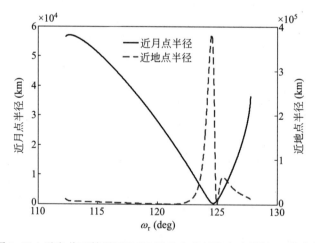

图 3.18　逆向共面情况下 LOP 近月点和近地点半径随 ω_r 的变化

122deg 处达到最小,然后迅速增加并在 125deg 处达到最大,随后又缓慢减小。这种特性与共面正向轨道特性不同,可很好地适用于全月面覆盖任务设计。

3.3.2　发射窗口

本节着重分析多段自由返回轨道的发射窗口特性。考虑到白赤夹角的周期性变化,为使得结论更具有一般性,本节窗口特性分析选取的时间窗口分别为 2024 年和 2034 年。如图 3.19 所示,2024 年白赤夹角达到一个默冬周期内的最大值 28.5deg,2034 年达到一个默冬周期内的最小值 18.5deg。为构建发射窗口数据库,分析轨道特性,本节利用 3.2.2 节所给多段自由返回设计算法,规律变换了初始输入参数 $\Delta\delta$,$\Delta\alpha$,r_a 和 ω_r,获得近 60000 组数值仿真算例,后续分析将在此基础上展开。窗口特性分布因总速度增量(TVI)消耗而异,因此本节分析将基于此,分为如下三组展开:

1)TVI<4km/s;

2)4≤TVI≤5km/s;

3)TVI>5km/s。

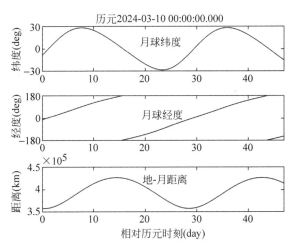

图 3.19　月球相对地球位置随相对历元时刻的变化(历元 2024-03-010 00:00:00.000)

3.3.2.1　燃料消耗与飞行时间

初始历元时刻为 2024-03-10 00:00:00 UTC。图 3.20 和图 3.21 给出奔月点火(TLI)、中途转移(LTM)和总速度增量随时间的变化。由图可

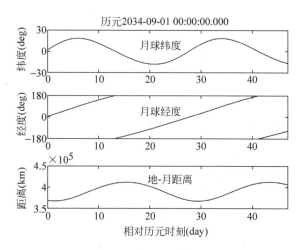

图 3.20 月球相对地球位置随相对历元时刻的变化(历元 2034-09-01 00:00:00.000)

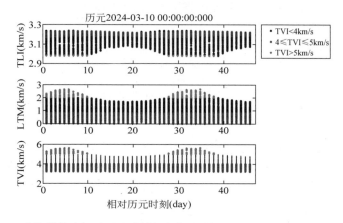

图 3.21 速度增量随相对历元时刻的变化(初始历元 2024-03-10 00:00:00.000)

知,月球纬度越高所需的中途转移和总速度增量越大;地月距离越大,奔月点火所需速度增量越大。中途转移速度增量数值大小和方向主要由转移时刻与 PTOP 奔月段轨道根数决定。

图 3.22 给出飞行时间变化趋势图。工况 1 对应飞船执行中途转移,由 PTOP 奔月轨道过渡到 LOP 轨道。工况 2 对应飞船不执行中途转移,将沿 PTOP 轨道经月球甩摆后返回地球。由图可知,在工况 1 所示情况下,总飞行时间随地月距离的减小而增加,并且对于前两组的燃料消耗,数据主要集中在 5~8day 和 8~13day 两个区间内,第三组对应数据主要集中在均值附近。在工况 2 所示情况下,对于前两组燃料消耗,数据主要集中在 4~10day

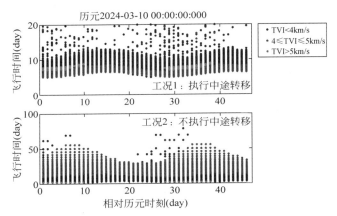

图 3.22　飞行时间随相对历元时刻的变化(初始历元 2024-03-10 00:00:00.000)

和 10～25day 两个区间内,少量集中在峰值附近。对于第三组情况,数据主要集中在最小值附近。

图 3.23 和图 3.24 给出历元时刻为 2034-09-01 00:00:00 时所对应的多段自由返回轨道的燃料消耗和飞行时间特性。由图可知,燃料消耗与飞行时间特性分布与 2024 年非常相似,但是中途转移和总燃料消耗均略低于 2024 年所对应值。这主要是因为 2034 年白赤夹角偏低所致。

图 3.25 给出不同初始历元时刻 LOP 绕月自由返回轨道执行近月制动 (LOI)所需的速度增量。由图可知,近月制动速度增量的变化区间为 0.8～1.1km/s,与传统自由返回轨道近月制动所需速度增量相似。图 3.25 所示数据可以为高精度模型下的修正提供较好的初值参考。

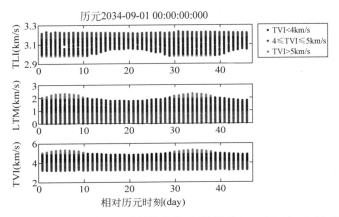

图 3.23　速度增量随相对历元时刻的变化(初始历元 2034-09-01 00:00:00.000)

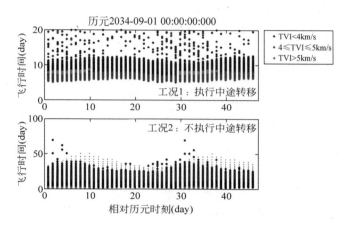

图 3.24　飞行时间随相对历元时刻的变化(初始历元 2034-09-01 00:00:00.000)

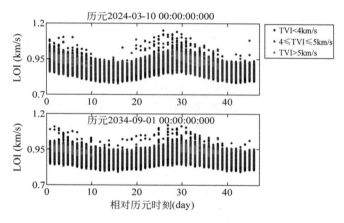

图 3.25　近月制动速度增量随相对历元时刻变化(初始历元 2024-03-10 和 2034-09-01)

3.3.2.2　月面覆盖特性

　　全月面到达是轨道设计任务中较为复杂的任务,设计近月机动的策略规划、绕轨时间的选取和下降时机的选择等。本节着重分析不同参数情况下,多段自由返回轨道所能到达的最大月面覆盖范围。

　　图 3.26 和图 3.27 给出不同初始历元时刻,月球到达时间、近月点经度和纬度随时间的变化趋势。与可预见情况相同,不同历元情况下的月面覆盖表现出相似的特性。近月点纬度随月球纬度的增加而减小。2024 年近月点纬度的变化区间为－49.61deg 到 64.86deg,区间范围略大于 2034 年的近月点纬度变化区间－45.57deg 到 58.56deg。近月点纬度均随中途转移

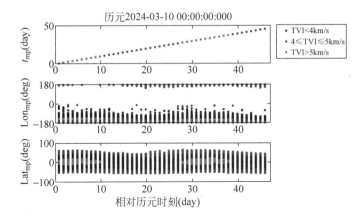

图 3.26　到达月球时刻和近月点经纬度随相对历元时刻的变化
（初始历元 2024-03-10 00:00:00.000）

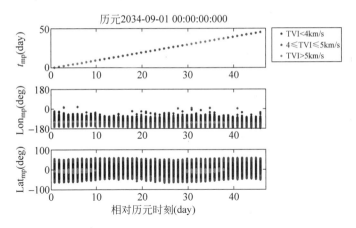

图 3.27　到达月球时刻和近月点经纬度随相对历元时刻的变化
（初始历元 2034-09-01 00:00:00.000）

脉冲的增加而减小。由经度区间可知,近月点位置集中出现在月球的背面。

近月轨道倾角范围决定了月面覆盖可达区间。图 3.28 给出近月轨道倾角随时间的变化趋势。由图可知,在给定燃料消耗情况下,轨道倾角变化区间可达 60deg 到 180deg,具备很好的全月面覆盖特性,可满足月球极地的探测需求;轨道倾角的变化区间随月球纬度的增加而增大;近月轨道与月球赤道夹角随脉冲消耗的增加而增大。

对于传统自由返回轨道而言,低轨近月轨道与白道夹角的变化区间为 10deg,对于多段自由返回轨道而言,虽可扩大这一区间,但带来的代价是燃

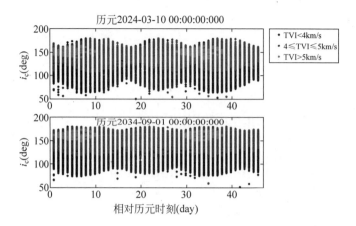

图 3.28　近月轨道倾角随相对历元时刻的变化

（初始历元 2024-03-10 00:00:00.000 和 2034-09-01 00:00:00.000）

料的大量消耗。因此对火箭的运载能力提出了更高的要求。

3.3.2.3　地球出发、月球到达和地球返回窗口特性

图 3.29 给出 2024 年奔月点火时刻、奔月点经度和纬度随时间的变化。由图可知，奔月点火时刻因日期选取的不同而异，每天均存在发射时间窗口。与可预见情况相同，奔月点纬度随月球纬度的增加而减小，变化区间为－71.77deg 到 72.71deg。多数时间窗口发生在第二组燃料消耗区间内，少量分布在第一组和第三组。

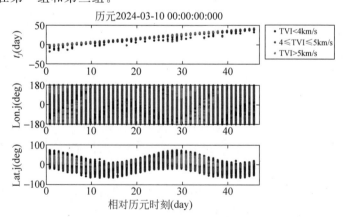

图 3.29　奔月时刻和奔月点经纬度随相对历元时刻的变化

（初始历元 2024-03-10 00:00:00.000）

图 3.30 和图 3.31 给出 2024 年再入时刻、再入点经度和纬度随时间的变化。由图可知,再入点纬度随月球纬度的增加而减小。PTOP 返回段轨道对应再入点纬度区间为 −71.55deg 到 72.32deg,显著大于 LOP 的返回轨道再入点区间 −48.77deg 到 48.03deg。这主要是由于 PTOP 段轨道近月点高度可灵活设计,极大地减弱了月球位置对再入点纬度的影响。上述两图表明,再入区间均随中途转移速度增量的增加而减小。

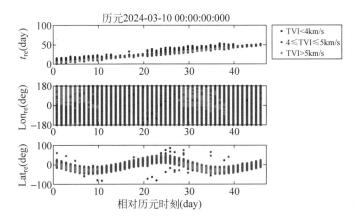

图 3.30 PTOP 段轨道再入时刻和再入点经纬度随相对历元时刻的变化
(初始历元 2024-03-10 00:00:00.000)

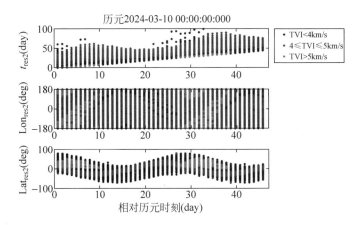

图 3.31 LOP 段轨道再入时刻和再入点经纬度随相对历元时刻的变化
(初始历元 2024-03-10 00:00:00.000)

图 3.32、图 3.33 和图 3.34 给出 2034 年地球出发和地球返回轨道特性随时间的变化。由图可知,奔月点和再入点的经纬度变化趋势均类似于

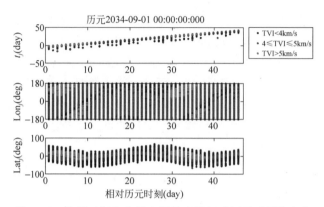

图 3.32　奔月时刻和奔月点经纬度随相对历元时刻的变化

（初始历元 2034-09-01 00:00:00.000）

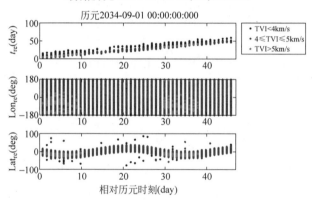

图 3.33　PTOP 段轨道再入时刻和再入点经纬度随相对历元时刻的变化

（初始历元 2034-09-01 00:00:00.000）

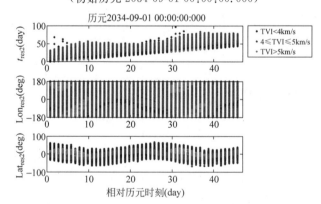

图 3.34　LOP 段轨道再入时刻和再入点经纬度随相对历元时刻的变化

（初始历元 2034-09-01 00:00:00.000）

2024 年所示轨道特性,但变化区间略小于 2024 所对应的区间。这主要归结于不同历元对应月球轨道倾角不同所致。

3.4　高精度模型修正

本节采用高精度引力模型验证多段自由返回轨道设计算法的有效性和收敛性。在高精度引力模型中考虑了地球 J_2 摄动、月球和太阳三体摄动和太阳光压摄动。高精度引力模型下,航天器在地心 J2000 坐标系下的运动方程可描述为

$$\dot{x} = v_x, \quad \dot{y} = v_y, \quad \dot{z} = v_z \tag{3-92}$$

$$\dot{v}_x = -\frac{\mu_E x}{r_E^3}\left[1 + \frac{3}{2}J_2\left(\frac{R_E}{r_E}\right)^2\left(1 - 5\frac{z^2}{r_E^2}\right)\right] - \frac{\mu_M(x - x_M)}{r_M^3} -$$
$$\frac{\mu_S(x - x_S)}{r_S^3} - \frac{\mu_M x_M}{r_{EM}^3} - \frac{\mu_S x_S}{r_{ES}^3} + KC_R A_m \frac{L_s}{4\pi c_l}\frac{x - x_S}{r_S^3} \tag{3-93}$$

$$\dot{v}_y = -\frac{\mu_E y}{r_E^3}\left[1 + \frac{3}{2}J_2\left(\frac{R_E}{r_E}\right)^2\left(1 - 5\frac{z^2}{r_E^2}\right)\right] - \frac{\mu_M(y - y_M)}{r_M^3} -$$
$$\frac{\mu_S(y - y_S)}{r_S^3} - \frac{\mu_M y_M}{r_{EM}^3} - \frac{\mu_S y_S}{r_{ES}^3} + KC_R A_m \frac{L_s}{4\pi c_l}\frac{y - y_S}{r_S^3} \tag{3-94}$$

$$\dot{v}_y = -\frac{\mu_E z}{r_E^3}\left[1 + \frac{3}{2}J_2\left(\frac{R_E}{r_E}\right)^2\left(3 - 5\frac{z^2}{r_E^2}\right)\right] - \frac{\mu_M(z - z_M)}{r_M^3} -$$
$$\frac{\mu_S(z - z_S)}{r_S^3} - \frac{\mu_M z_M}{r_{EM}^3} - \frac{\mu_S z_S}{r_{ES}^3} + KC_R A_m \frac{L_s}{4\pi c_l}\frac{z - z_S}{r_S^3} \tag{3-95}$$

其中 (x, y, z) 和 (v_x, v_y, v_z) 为地球 J2000 坐标系下航天器的位置与速度矢量。R_E 为地球半径。(x_M, y_M, z_M) 和 (x_S, y_S, z_S) 为月球和太阳相对地球的位置矢量。(r_E, r_M, r_S) 为航天器相对地球、月球和太阳的位置矢量。(r_{EM}, r_{ES}) 为地月距和地日间距离。$\boldsymbol{r}_S$ 和 $\boldsymbol{r}$ 为太阳和航天器相对地球的位置矢量。参数为

$$K = \begin{cases} 0, & \text{if } \boldsymbol{r}_S \cdot \boldsymbol{r} < 0 \text{ and } \|\boldsymbol{r}_S \times \boldsymbol{r}\| < r_S R_E \\ 1, & \text{else} \end{cases} \tag{3-96}$$

太阳光压计算采用圆柱形阴影模型计算,C_R 与 A_m 分别赋值 1.5 和 15m²。

本节采用 Trust-Region Dogleg 梯度算法消除高精度模型下的积分终端误差,并修正初始设计轨道。不同于牛顿迭代,Trust-Region Dogleg 法可处理奇异 Jacobi 矩阵,并改善收敛的鲁棒性[156,157]。优化算法实施细节详见附录 A。为更直观显示最终优化结果,用下述目标方程代替附录 A 中

方程 Eq.(A1):

$$f(x) = \frac{1}{2} c(x)^{\mathrm{T}} c(x) \tag{3-97}$$

轨道修正所涉及的 PTOP 和 LOP 轨道自由参数与约束变量分别为

$$x_{\mathrm{PTOP}} = \begin{bmatrix} \mathrm{TLI} \\ \Omega_{\mathrm{tl}} \\ \omega_{\mathrm{tl}} \end{bmatrix}_{3 \times 1} \tag{3-98}$$

$$x_{\mathrm{LOP}} = \begin{bmatrix} \mathrm{TSM}\text{-}x \\ \mathrm{TSM}\text{-}y \\ \mathrm{TSM}\text{-}z \end{bmatrix}_{3 \times 1} \tag{3-99}$$

$$c_{\mathrm{PTOP}} = \begin{bmatrix} \dfrac{h_{\mathrm{re}} - h_{\mathrm{re0}}}{h_{\mathrm{re0}}} \\[2mm] \dfrac{\gamma_{\mathrm{re}} - \gamma_{\mathrm{re0}}}{\gamma_{\mathrm{re0}}} \\[2mm] \dfrac{\mathrm{FT}\text{-}\mathrm{FT}_0}{\mathrm{FT}_0} \end{bmatrix}_{3 \times 1} \tag{3-100}$$

$$c_{\mathrm{LOP}} = \begin{bmatrix} \dfrac{h_{\mathrm{re}} - h_{\mathrm{re0}}}{h_{\mathrm{re0}}} \\[2mm] \dfrac{\gamma_{\mathrm{re}} - \gamma_{\mathrm{re0}}}{\gamma_{\mathrm{re0}}} \\[2mm] \dfrac{h_{\mathrm{cp}} - h_{\mathrm{cp0}}}{h_{\mathrm{cp0}}} \end{bmatrix}_{3 \times 1} \tag{3-101}$$

本书统一用下标 0 代表标称参数。上式中 h_{re0} 与 γ_{re0} 分别为 121km 与 -6deg,h_{cp0} 为 100km。FT_0 定义为 PTOP 段自由返回轨道总飞行时间,取值区间落在 $[7.5, 8.5]$ day。该区间由 PTOP 段自由返回轨道近月距和载人登月任务要求确定。

为验证多段自由返回轨道算法的精确性和收敛性,本节给出了具有代表性的两组仿真算例。仿真时间分别为 2024 年和 2034 年。在 2024 年月球轨道相对地球赤道倾角达到最大值 28.5deg。在 2034 年达到最小值 18.5deg。因此,选取这两个特殊年份进行仿真验算,证明轨道的一般特性。轨道设计初值(IE)与高精度模型下精确解(FS)均在表 3.2~表 3.4 中列出。由表可知,高精度模型下从初值到最终收敛解的迭代需要 110 步。由表 3.2 与表 3.3 可知,PTOP 段自由返回轨道所对应的终端误差较小,而 LOP 段自由返回轨道所对应的终端误差较大。误差产生原因在于不同模型下的中途转移点存在位置误差,并经轨道演化将误差放大,导致较大的终端误差。注意到即使中途转移速度增量（LTM）在两模型中区别较大，但对应 LOP 段自由返回轨道近月制动速度增量（LOI）波动较小。这是因 LOP 段返回轨道具有相同的近月距所致。

表 3.2 PTOP 奔月自由返回轨道初值和精确解

	TLI(km/s)	Ω(deg)	ω(deg)	$f(\boldsymbol{x})$	迭代
[2024]PTOP(IE)	3.15486	296.269	155.429	66.77	—
[2024]PTOP(FS)	3.15493	284.516	154.972	1.947×10^{-8}	96
[2034]PTOP(IE)	3.16472	358.378	7.00512	77.27	—
[2034]PTOP(FS)	3.16583	357.218	355.328	1.145×10^{-8}	106

[2024]历元时刻 2024-05-22 08:41:37.387UTC，$a = 2.6156 \times 10^5$ km，$e = 0.9749$，$i = 63.313$deg，$\Omega = 284.516$deg，$\omega = 154.972$deg，$f = 0.0$deg

[2034]历元时刻 2034-01-06 06:46:25.063UTC，$a = 3.1034 \times 10^5$ km，$e = 0.9788$，$i = 21.494$deg，$\Omega = 357.218$deg，$\omega = 355.328$deg，$f = 0.0$deg

表 3.3 LOP 绕月自由返回轨道初值与精确解

	LTM-x (m/s)	LTM-y (m/s)	LTM-z (m/s)	LOI (km/s)	$f(\boldsymbol{x})$	迭代
[2024]LOP(IE)	−196.246	−12.271	36.017	0.996	49.48	—
[2024]LOP(FS)	−227.278	−17.205	11.745	1.045	2.009×10^{-5}	65
[2034]LOP(IE)	41.5304	116.179	22.131	0.942	43.13	—
[2034]LOP(FS)	67.334	142.102	11.600	0.953	6.299×10^{-5}	71

[2024]历元时刻 2024-05-24 18:06:02.683UTC，$a = 2.7224 \times 10^5$ km，$e = 0.9644$，$i = 119.212$deg，$\Omega = 248.454$deg，$\omega = 156.721$deg，$f = 168.325$deg

[2034]历元时刻 2034-01-08 16:50:49.465UTC，$a = 2.9319 \times 10^5$ km，$e = 0.9988$，$i = 93.642$deg，$\Omega = 343.059$deg，$\omega = 356.961$deg，$f = 177.704$deg

表 3.4 目标参数取值

	h_{re}(km)	γ_{re}(deg)	FT(day)	h_{cp}(km)
[2024]PTOP(FS)	121.000	−6.000	8.087	—
[2024]LOP(FS)	121.025	−6.000	—	100.002
[2034]PTOP(FS)	121.0	−5.999	8.464	—
[2034]LOP(FS)	120.991	−6.000	—	99.995

[2024]历元时刻 2024-05-22 08:41:37.387UTC

[2034]历元时刻 2034-01-06 06:46:25.063UTC

　　图 3.35 与图 3.36 给出了高精度模型下满足约束条件的多段自由返回轨道。图 3.35 所示轨道历元为 2024-05-24 18:06:02.683,对应的 PTOP 段自由返回轨道近月距为 5842.3km。图 3.36 所示轨道历元为 2034-01-06 06:46:25.063,对应 PTOP 段自由返回轨道近月距为 5282.7km。

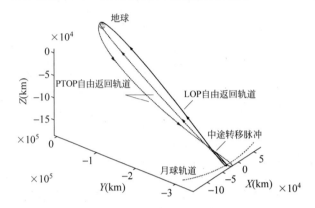

图 3.35　高精度模型下多段自由返回轨道(初始历元 2024-05-24 18:06:683UTC)

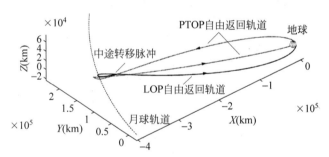

图 3.36　高精度模型下多段自由返回轨道(初始历元 2034-01-08 16:50:49.465UTC)

3.5　本章小结

　　为满足载人登月任务和地月间转移轨道设计需求,本章提出了多段自由返回轨道。基于圆锥曲线拼接模型,构建了多段自由返回轨道设计流程及算法。研究了多段轨道地球离开、月球到达与地球返回轨道特性。研究表明,多段自由返回轨道奔月时间相比自由返回轨道,设计更灵活取值范围更广。多段自由返回轨道近月倾角相对自由返回轨道设计更加灵活,月面覆盖范围更广。这归结于多段轨道设计中,初始轨道近月距可灵活调整和第二段奔月轨道不需满足近地距约束所致。多段自由返回轨道在中途变轨进入绕月自由返回轨道后，即使不执行近月制动，飞船仍可在不施加任何外力情况下安全返回地球。中途转移速度增量随转移时刻奔月轨道真近点角的增大而减小，在 156deg 处达到最小，随后迅速增大。逆向地球返回轨道相比正向返回轨道，对应的转移速度增量更大，飞行时间更短，近月倾角范围更宽。多段自由返回轨道由于全程的安全返回属性，其设计难度要略大于 Hybrid 轨道。在相同的燃料消耗下，轨道特性参数的设计灵活度要小于 Hybrid 轨道。因此。灵活应用双拼自由返回轨道的前提是火箭运载能力的提升。

　　基于高精度引力模型验证了多段自由返回轨道设计算法的有效性和收敛性。采用 Trust-Region Dogleg 梯度算法消除了高精度模型下积分终端误差，并修正了初始设计轨道。研究表明，奔月段自由返回轨道终端误差较小，而绕月段自由返回轨道对应的终端误差较大。原因在于不同模型下的中途转移存在位置误差，经轨道演化会将误差放大，导致较大的终端误差。研究表明，终端误差可在 110 步迭代内消除。本章所提出多段自由返回轨道设计算法经过大量数值验证，计算结果表明算法具有很好的鲁棒性，在高精度模型中，表现出很好的收敛性。

第4章　基于伪状态理论
高精度多段自由返回轨道

4.1　引　　言

多段自由返回轨道设计理念旨在解决载人登月工程中遇到轨道设计问题。它的引入可以放宽对发射窗口和飞行时间的约束,保障光照和测控条件的满足。若遇突发情况,需放弃登月,飞船仍可按预定轨迹,无操控安全返回。多段自由返回轨道其灵活的设计可以很好地满足全月面到达构想,并可同时减小近月机动所带来的燃料消耗。为满足任务约束,更可将其拓展为集终止轨道与探月轨道为一体的多任务轨道。广泛的应用背景,巧妙的设计理念,促使我们对多段自由返回轨道进行更为深入的研究。

轨道设计的精准性,定性分析的准确性,均依赖于系统动力学模型的选取。与此同时,动力学模型的不同描述,造成轨道设计算法的迥异。描述地月空间系统的动力学模型可以分为三类:圆锥曲线拼接模型、伪状态模型和限制性三体模型。本书第 3 章采用圆锥曲线拼接技术,构建了多段自由返回轨道,并对轨道特性进行了讨论。研究表明,圆锥曲线拼接模型具备较好的解析特性,其轨道设计简洁直观,特性分析清晰明了。但美中不足的是,影响球切换概念的引入,需要迭代判断轨迹与影响球交点,造成了计算时间的浪费与算法的不稳定,且模型精度欠佳。限制性三体模型虽模型精度较高,但轨道演化完全依赖数值积分。算法不仅耗时且收敛性严重依赖于初值选取,不适用于复杂如多段自由返回轨道般的模型构建。Wilson[56] 于 1970 年首次提出伪状态模型。研究表明,该模型误差仅为圆锥曲线拼接模型误差的 20%[57-60]。该模型通过对限制性三体模型的合理简化,将影响球处的位置拼接变为了速度拼接,不仅有效避开了轨迹与影响球交点位置的判断,并且更进一步地提高了模型的精确性。该模型兼备了圆锥曲线拼接模型的解析性与限制性三体模型的精确性,构成轨道设计算法的全解析。

本章将采用伪状态理论构建多段自由返回轨道,并分析轨道特性。4.2 节针对地月转移轨道,给出了伪状态理论的详细描述。4.3 节基于伪状态理论,构建了多段自由返回轨道。4.4 节分析了多段自由返回轨道的绕月和返回特性。4.5 节在高精度模型下对轨道进行了修正,并比对了伪状态模型与圆锥曲线拼接模型的精度,验证了轨道设计算法的有效性与精确性。

4.2　伪状态理论

伪状态理论认为,三体下精确轨道在其开始与结束时刻的状态可通过两段瞬时圆锥曲线来近似。其理论便致力于寻找连接两端瞬时曲线的桥梁。下面以地-月转移轨道为例,简要阐明伪状态理论所描述轨道建模思路,更多细节可参考文献[56]:

1) 地心段瞬时曲线:首先忽略月球引力,在地球二体模型下,演化初始状态 X_{tl} 至时刻 t_i,获得地心转移段瞬时圆锥曲线。其中,t_i 为评估的月球到达时刻,X_{tl} 为地球 J2000 坐标系下的初始奔月状态。

2) 真实状态和伪状态间切换:伪状态理论认为航天器各时刻真实状态可通过伪状态间接关联。如图 4.1 所示,地心真实状态 X_{tl} 与月心伪状态 x_i 通过地心瞬时圆锥曲线连接;伪状态 x_i 和 x_e 通过月心段线性轨迹连接;x_e 与近月点真实状态 x_{pc} 通过月心段书瞬时圆锥曲线连接。由此,便得到真实状态 X_{tl} 和 x_{pc} 间的转换关系。经过两次伪状态切换,完成真实状态间的关联。其中,x_e 为伪状态切换球(PTS)处航天器的伪状态,通过 x_i 线性逆向演化至时刻 t_e,获得伪状态 x_e。t_e 为到达 PTS 球面时刻,计算方法将在下面详细给出。伪状态理论所涉及的状态变换给出如下:

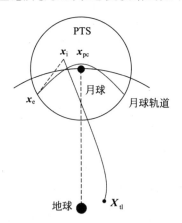

图 4.1　伪状态模型下奔月轨道演化几何示意图

$$r_i = r_I - r_{MI} \tag{4-1}$$

$$v_i = v_I - v_{MI} \tag{4-2}$$

其中,r_{MI} 和 v_{MI} 为 t_i 时刻月球相对地球的位置和速度矢量,上述方程完成了航天器相对地球状态到航天器相对月球状态的状态切换。

3)月心段瞬时曲线:给定状态 x_{pc},在只考虑月球引力环境下,演化初始状态 x_e 至 PTS 边界,获得月心转移段瞬时圆锥曲线。

当轨迹存在绕月飞行时,伪状态理论的轨道设计流程均将被人为地分为两个阶段进行计算:前绕月飞行段与后绕月飞行段。与前两章所示圆锥曲线拼接技术不同,伪状态理论不需要判定 PTS 处航天器状态,由此节省了大量的数值计算时间,并为多段自由返回轨道的解析设计提供了可能。

4.3　伪状态模型下多段自由返回轨道设计

4.3.1　奔月段自由返回轨道

多段自由返回轨道由奔月段自由返回轨道(PTOP)和绕月段自由返回轨道(LOP)拼接而成,详细定义参见第 3.2 节,这里不再赘述。如图 4.2 所示,在伪状态理论中,PTOP 段自由返回轨道将分为三个阶段:奔月段、绕月段和地球返回段。其轨道建模流程如下:

1. 奔月段轨道

伪状态理论用地心段瞬时圆锥曲线近似奔月轨道。如图 4.3 所示,构

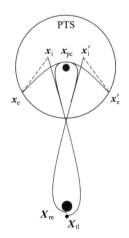

图 4.2　伪状态模型下多段自由返回轨道建模几何示意图

图 4.3   二体模型下地月转移轨道的几何示意图

建地心段大椭圆轨道,使其拱线与航天器到达月球时刻的地月连线重合。同时,近地点位于轨道高度为 h_{ptl} 的地球停泊轨道;远地点位于高度为 h_{atl} 远离地球一侧的月球停泊轨道。由此,可将轨道根数 a_{tl} 与 e_{tl} 表示为

$$a_{tl} = \frac{r_{ptl} + r_{atl}}{2} \tag{4-3}$$

$$e_{tl} = \frac{r_{atl} - r_{ptl}}{r_{ptl} + r_{atl}} \tag{4-4}$$

其中 r_{ptl} 和 r_{atl} 为

$$r_{ptl} = h_{ptl} + r_E \tag{4-5}$$

$$r_{atl} = r_{EM} + r_M + h_{atl} \tag{4-6}$$

定义 ω_{tl} 为自由参数,并将拱线方向表述为轨道根数的函数。由此,根据球面三角法则,可求得剩余地心段瞬时段轨道根数:

$$i_{tl} = -\arcsin \frac{\sin\delta}{\sin\omega_{tl}} \tag{4-7}$$

$$\Omega_{tl} = -\arccos \frac{\cos\delta\cos\alpha}{\cos\varphi} - \arctan(\tan\omega_{tl}\cos i_{tl}) \tag{4-8}$$

其中

$$\varphi = \begin{cases} \arcsin(\sin\omega_{tl}\sin i_{tl}), & 0 \leqslant \omega_{tl} \leqslant \pi \\ -\arcsin(\sin\omega_{tl}\sin i_{tl}), & \pi < \omega_{tl} \leqslant 2\pi \end{cases} \tag{4-9}$$

至此,对于任意给定参数 ω_{tl},可完成奔月段轨道的解析构建,并且获得出发时刻真实状态 $\boldsymbol{X}_{tl}$。

2. 月心段轨道

在地球二体引力模型下,沿地心段轨道正向演化初始状态 $\boldsymbol{X}_{tl}$ 至时刻 t_i,获得 PTS 内相对地球的伪状态 $\boldsymbol{X}_I$。调用式(4-1)和式(4-2),获得 PTS 内相对月球的伪状态:

$$\boldsymbol{x}_i = \boldsymbol{X}_I - \boldsymbol{\rho}_I \tag{4-10}$$

$\boldsymbol{\rho}_I$ 为 t_i 时刻月球相对地球的状态,可通过读取星历 JPL DE405 获得。为完成状态关联,仍需求解 PTS 处的伪状态 $\boldsymbol{x}_e$,其状态求解方程如下:

$$\boldsymbol{v}_e = \boldsymbol{v}_i \tag{4-11}$$

$$\boldsymbol{r}_e = \boldsymbol{r}_i - (t_i - t_e)\boldsymbol{v}_i \tag{4-12}$$

涉及的约束

$$\boldsymbol{r}_e \cdot \boldsymbol{r}_e = r_{\mathrm{PTS}}^2 r_{\mathrm{PTS}} = 24 r_{\mathrm{E}} \tag{4-13}$$

PTS 半径会在很大程度上影响所设计轨道的精确性与真实性。对一般月球任务而言,文献[56]推荐 PTS 半径选取为 24 倍的地球半径,并通过数值仿真,验证了取值的可行性和有效性。将方程(4-12)代入方程(4-13),可得如下二次方程:

$$(x_i - v_i^x \Delta t)^2 + (y_i - v_i^y \Delta t)^2 + (z_i - v_i^z \Delta t)^2 = r_{\mathrm{PTS}}^2 \tag{4-14}$$

并进一步整理为

$$\Delta t^2 - 2\frac{v_i^x + v_i^y + v_i^z}{\|\boldsymbol{v}_i\|^2} + \frac{\|\boldsymbol{r}_i\|^2}{\|\boldsymbol{v}_i\|^2} = \frac{r_{\mathrm{PTS}}^2}{\|\boldsymbol{v}_i\|^2} \tag{4-15}$$

其中

$$\Delta t = t_i - t_e \tag{4-16}$$

为伪状态间的时间间隔。求解方程(4-15),并将绝对值较小解代入方程(4-12),便可获得伪状态 $\boldsymbol{x}_e$。在月球引力场中,演化初始状态 $\boldsymbol{x}_e$ 至时刻 $t_{e'}$,获得月心段转移轨道。月心段轨道在 PTS 球面出口点处的真近点角可表示为

$$f_{e'} = \arccos\left[\frac{a(e^2 - 1)}{e r_{\mathrm{PTS}}} - \frac{1}{e}\right] \tag{4-17}$$

基于此,可确定航天器的伪状态 $x_{e'}$。

3. 地心返回段轨道

与奔月轨道类似,地球返回段轨道同样构建为地心段瞬时圆锥曲线。逆向线性演化伪状态 $\boldsymbol{x}_{e'}$ 至月心段起始时刻 $t_{i'}$,获得后绕月飞行段近月点的伪状态:

$$\boldsymbol{v}_{i'} = \boldsymbol{v}_{e'} \tag{4-18}$$

$$\boldsymbol{r}_{i'} = \boldsymbol{r}_{e'} - (t_{e'} - t_{i'})\boldsymbol{v}_{e'} \tag{4-19}$$

利用式(4-1)与式(4-2)将后绕月飞行阶段近月点伪状态转换到地心坐标系,生成地心伪状态:

$$\boldsymbol{X}_{i'} = \boldsymbol{x}_{i'} + \boldsymbol{\rho}_{i'} \tag{4-20}$$

其中

$$\boldsymbol{\rho}_{i'} = \boldsymbol{\rho}_1 \tag{4-21}$$

在地球二体模型下,正向演化初始状态 $\boldsymbol{X}_{i'}$ 由时刻 $t_{e'}$ 至 t_{re},获得地心段返回轨道。求解再入角满足约束点返回轨道对应的真近点角:

$$f_{re} = 2\pi - \arccos\left(\frac{-\sin^2\gamma_{re} + \cos\gamma_{re}\sqrt{e_r^2 - \sin^2\gamma_{re}}}{e_r}\right) \tag{4-22}$$

基于上式,可求得伪 EEI 时刻航天器的状态。综上,基于伪状态理论,可完全解析构建 PTOP 段自由返回轨道,不需判定 PTS 表面处航天器状态,并通过以速度拼接代替位置拼接,不仅有效地减少了计算时间而且提高了 PTOP 轨道的设计精度。

4.3.2　Quasi-Lambert 问题

参考 Battin's 著作[23],经典 Lambert 问题可以描述为:寻找在给定时间 Δt 内通过给定两点(r_1 和 r_2)的轨道问题。这是二体模型下最基本的两点边值问题。在本节中为解决多段自由返回轨道设计问题,我们对经典 Lambert 问题进行了改进,提出了 Quasi-Lambert 问题:寻找满足额外终端约束为飞行方位角 γ_2 的轨道设计问题,如图 4.4 所示。在本节中,只考虑 $\gamma_2 = \pi/2$ 的情况。

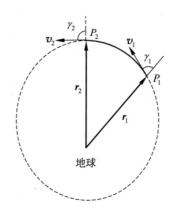

图 4.4　Quasi-Lambert 问题几何定义图

在二体模型下确定两点间转移轨道根数需要六个独立参数。轨道面方位可由位置矢量 r_1 与 r_2 唯一确定:

$$\hat{h} = \frac{r_1 \times r_2}{\| r_1 \times r_2 \|} \tag{4-23}$$

$$i = \arccos(\hat{h} \cdot \hat{u}_z) \tag{4-24}$$

$$\Omega = \arctan_{(2)} \frac{h_x}{-h_y} \tag{4-25}$$

其中 $\hat{u}_z$ 为 z 方向的单位矢量。构建转移轨道拱线与位置矢量 r_2 重合,由此可获得轨道的近地点幅角：

$$\omega = \arctan_{(2)} \frac{(\hat{N} \times \hat{e}) \cdot \hat{h}}{\hat{N} \cdot \hat{e}} \tag{4-26}$$

其中

$$\hat{N} = \frac{\hat{u}_z \times \hat{h}}{\| \hat{u}_z \times \hat{h} \|} \tag{4-27}$$

$$\hat{e} = - r_2 \tag{4-28}$$

将位置矢量 r_1 转换到轨道坐标系：

$$\begin{bmatrix} x_1 \\ y_1 \\ z_1 \end{bmatrix} = \mathbf{R}_z(\omega) \mathbf{R}_x(i) \mathbf{R}_z(\Omega) r_1 \tag{4-29}$$

可获得如下表达式：

$$\frac{(x_1 + c)^2}{a^2} + \frac{y_1^2}{b^2} = 1 \tag{4-30}$$

其中

$$c^2 = a^2 - b^2 \tag{4-31}$$

由于 $\gamma_2 = \pi/2$，由此可得远地点半径：

$$r_2 = a(1 + e) \tag{4-32}$$

将方程(4-31)与(4-32)代入方程(4-30)，可得如下关于半长轴 a 的二次方程：

$$(2r_2 a - r_2^2)[x_1^2 + 2x_1(r_2 - a) + r_2^2 - 2r_2 a] + a^2 y_1^2 = 0 \tag{4-33}$$

其解为

$$\text{roots} = \begin{cases} \dfrac{(2r_2 + x_1 + \sqrt{x_1^2 + y_1^2})r_2(x_1 + r_2)}{4x_1 r_2 - y_1^2 + 4r_2^2} > 0 \\[4mm] \dfrac{(-2r_2 - x_1 + \sqrt{x_1^2 + y_1^2})r_2(x_1 + r_2)}{4x_1 r_2 - y_1^2 + 4r_2^2} < 0 \end{cases} \tag{4-34}$$

鉴于 $a > 0$，因此只存在一个有意义解：

$$a = \frac{(2r_2 + x_1 + \sqrt{x_1^2 + y_1^2})r_2(x_1 + r_2)}{4x_1 r_2 - y_1^2 + 4r_2^2} \tag{4-35}$$

结合方程(4-32)与(4-35)，偏心率 e 可表示为

$$e = \frac{r_2}{a} - 1 \tag{4-36}$$

最后，根据行星方程，可得

$$r_1 = \frac{a(1-e^2)}{1+e\cos f_1} \tag{4-37}$$

由此,转移点的真近点角可表示为

$$f_1 = \arccos \frac{1}{e}\left[\frac{a(1-e^2)}{r_1} - 1\right] \tag{4-38}$$

空间中两点间的转移时间便可根据上述轨道根数确定。如此,在给定位置矢量 r_1、r_2 和 $\gamma_2 = \pi/2$ 情况下,获得了 Quasi-Lambert 问题的封闭解。

4.3.3　绕月段自由返回轨道

基于伪状态理论,LOP 段自由返回轨道同样分为三段:奔月段、绕月段与地球返回段。不同于 PTOP 段轨道,LOP 奔月段轨道可通过求解 Quasi-Lambert 问题进行解析构造。算法流程主要分为以下三步:

1) 给定中途转移时刻 t_{LTM},沿地心段圆锥曲线正向演化 PTOP 段奔月轨道至时刻 t_{LTM},获得该时刻飞船位置矢量 r_1。

2) 构建 LOP 奔月段椭圆轨道拱线与到达月球时刻地月连线重合。如图 4.5 所示,首先猜测初始奔月时间 Δt_{INI}(中途转移点到近月点时间),获得到达近月点时刻 $t_{LA} = t_{LTM} + \Delta t_{INI}$,并确定了位置矢量 r_2。然后,通过求解 Quasi-Lambert 问题确定 LOP 段奔月轨道与真实转移时间 Δt_{REL}。如图 4.5 所示,初始时间 Δt_{INI} 会自动更新($\Delta t_{INI} = \Delta t_{REL}$),求解过程会一直重复直到 $|\Delta t_{INI} - \Delta t_{REL}| < \varepsilon$。整个解析求解过程可在很少的几步内达到收敛。

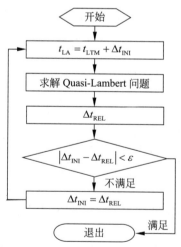

图 4.5　月球到达时间 t_{LA} 计算流程图

3) 迭代求解获得到达月球真实时刻 t_{LA} 后,通过求解 Quasi-Lambert 问题,便获得二体引力空间下可行 LOP 奔月段轨道。

通过图 4.5 所示推导获得满足约束条件的 LOP 段奔月轨道。基于伪状态轨道设计理论,可推导出后续绕月段与地球返回段轨道。具体设计算法详见 4.3.1 节,这里不再赘述。

4.3.4　初值修正

经上述推导获得的多段自由返回轨道满足了近地点与轨道中途转移约束。为满足载人登月任务需求,设计轨道仍需满足近月距与地球再入约束。为此,采用微分修正算法与直接打靶法来修正轨道设计初值,以满足任务要求。本章所述数值计算以及轨迹修正均基于 VC++ 平台展开,所使用的 PC 机配置如下:2.5GHz 主频、双核 i5 处理器、4GB 内存和 512GB 固态硬盘。

1. 奔月段自由返回轨道

载人登月任务中,奔月段自由返回轨道需在两个关键点满足约束:奔月点火点与地球再入点。为有效改变轨道半长轴,奔月点火对应轨道近地点,要求飞行方位角为 90deg。航天器奔月点火发生在地球停泊轨道,因此点火点轨道半径需与地球停泊轨道半径保持一致。综上,在奔月点火点需满足两个约束。在飞船再入时刻,为满足气动以及热量控制需求,要求再入点飞行角与高度满足特定要求。本节参考 Apollo 飞船任务[27],设置再入角为 -6deg,再入点轨道高度为 121km。

奔月点火点半径以及飞行角和再入点飞行角均作为已知参数,参与了上述 PTOP 段自由返回的推导。因此仅需修正初始轨道再入点高度即可。

差分 PTOP 段自由返回轨道约束得

$$\delta c_{\mathrm{PTOP}} = \frac{\partial c_{\mathrm{PTOP}}}{\partial \boldsymbol{y}_{\mathrm{PTOP}}} \delta \boldsymbol{y}_{\mathrm{PTOP}} \tag{4-39}$$

提取 Jacobi 矩阵

$$\boldsymbol{J} = \frac{\partial c_{\mathrm{PTOP}}}{\partial \boldsymbol{y}_{\mathrm{PTOP}}} \tag{4-40}$$

PTOP 段轨道修正涉及的约束以及自由变量有

$$c_{\mathrm{PTOP}} = r_{\mathrm{re}} - r_{\mathrm{re0}} \tag{4-41}$$

$$\boldsymbol{y}_{\mathrm{PTOP}} = \begin{bmatrix} \varOmega_{\mathrm{tl}} \\ \omega_{\mathrm{tl}} \end{bmatrix}_{2 \times 1} \tag{4-42}$$

对轨道进行微分修正,迭代步骤如下:

$$y_{PTOP}^{(i+1)} = y_{PTOP}^{(i)} - J^{*(i)} c_{PTOP}^{(i)} \tag{4-43}$$

其中

$$J^* = J^T (JJ^T)^{-1} \tag{4-44}$$

为 Jacobi 矩阵伪逆。通过对终端约束与自由参数进行有限差分可获得上述 Jacobi 矩阵。PTOP 段自由返回轨道修正可在 30 步迭代内收敛。PTOP 段轨道演化采用解析模型,因此修正过程极为迅速,修正耗时在秒量级。

2. 绕月段自由返回轨道

在载人登月任务中,绕月段自由返回轨道需在三个关键点满足约束:中途转移点、近月点和地球再入点。LOP 段轨道中途转移脉冲必须施加在 PTOP 奔月段轨道。由此形成了对中途转移位置的约束。为满足月球着陆需求,LOP 段轨道近月距需控制在特定范围。参考 Apollo 任务[27],选取近月距为 100km。为实现跳跃式再入,返回轨道再入点需满足特定约束。本节研究主要涉及再入角与再入高度。参考 Apollo 任务[27],选取再入角为 -6deg,再入点高度为 121km。

在 4.3.3 节给出的 LOP 段自由返回轨道的设计中,中途转移位置约束和再入角约束均是作为已知参数参与推导。因此仅需修正初始轨道近月点高度与再入点高度即可。LOP 段轨道修正涉及的约束以及自由参数有

$$c_{LOP} = \begin{bmatrix} r_{pc} - r_{pc0} \\ r_{re} - r_{re0} \end{bmatrix}_{2 \times 1} \tag{4-45}$$

$$y_{LOP} = \begin{bmatrix} \Delta v_{LTM}^x \\ \Delta v_{LTM}^y \\ \Delta v_{LTM}^z \end{bmatrix}_{3 \times 1} \tag{4-46}$$

LOP 段轨道修正存在较强非线性,微分修正算法无法达到很好效果。因此本节改用成熟的 Nelder-Mead Simplex 算法[158]。Nelder-Mead Simplex 算法为直接打靶法,广泛地应用于非线性无约束优化问题。LOP 段轨道修正可在 50 步内收敛,使近月距与再入点高度同时满足要求。LOP 段轨道演化采用解析模型,因此修正过程同样极为迅速,修正耗时在秒量级。

4.4　绕月段与月球返回段轨道特性

本节主要研究多段自由返回轨道的绕月段与地球返回段轨道特性。图 4.6 给出不同中途转移时刻,地心坐标系下的 LOP 段奔月轨道。在伪状态模型下,图示 LOP 段奔月轨道对应的绕月段以及地球返回段轨道均满足任务约束。绕月段近月距为 100km,地球返回段满足再入要求。图中给出的 PTOP 段自由返回轨道奔月段轨道倾角为 60deg,近月距为 10000km,地球返回段同时满足再入要求。图 4.7 给出了不同中途转移时刻对应的转移速度增量与奔月时间。在本节中,奔月时间特指从中途转移到月球到达所需的时间。由图可知,中途转移速度增量随转移时间的延迟而单调增加;奔月时间随转移时间的延迟而线性减小,在 3.25day 处达到最小,随后略有增加。

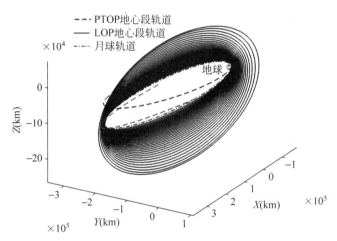

图 4.6　不同中途转移时刻下的地心段自由返回轨道

图 4.8 给出不同中途转移时刻对 LOP 轨道倾角的影响。由图可知,LOP近月轨道与月赤道夹角随中途转移时间的延迟而单调增加;近月轨道倾角变化范围在 127deg 到 146deg 之间。相比自由返回轨道,可更好地满足月面覆盖需求。再入轨道倾角随中途转移时间地延迟而近似线性增加;倾角变化范围在 35deg 到 48deg 之间。再入倾角的大小决定了可着陆点的纬度。在我国月球探测任务中,为满足四子王旗着陆,要求再入段轨道倾角大于 42.3deg。在工程任务中,再入段轨道倾角一般设计为 45deg。图 4.9 给出不同中途转

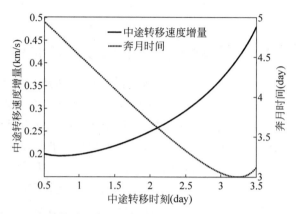

图 4.7　中途转移速度增量和奔月时间随中途转移时刻的变化

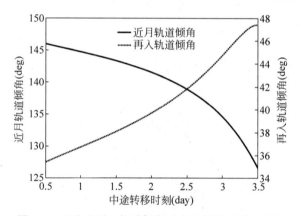

图 4.8　近月和再入轨道倾角随中途转移时刻的变化

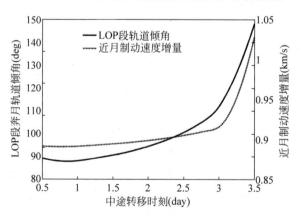

图 4.9　LOP 段奔月轨道倾角和近月制动速度增量随中途转移时刻的变化

移时刻对应的 LOP 奔月段轨道倾角与 LOI 速度增量。由图可知,在开始阶段随中途转移时间的延迟,LOP 奔月段轨道倾角与 LOI 速度增量均呈现缓慢的线性增加;随着时间延迟到 3day 左右,变化趋势改为迅速增加。LOI 速度增量的变化区间在 $[0.89,1.03]$km/s,这点与自由返回轨道或奔月轨道的特性类似。

　　本节上述研究了不同中途转移时刻对应的 LOP 段轨道特性。下面将从不同倾角的 PTOP 段奔月轨道出发,研究多段自由返回轨道特性。在倾角 0deg 到 180deg 变化范围内,我们选取了 8 组代表性算例,来阐述轨道特性。图 4.10 给出不同 PTOP 奔月轨道倾角对应的中途转移速度增量。由图可知,速度增量均随中途转移时间的延迟而增加;逆向轨道中途转移所需速度增量整体大于正向轨道。图 4.11 给出不同 PTOP 奔月轨道倾角对应的奔

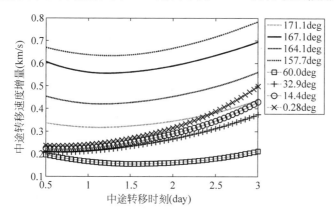

图 4.10　PTOP 段奔月轨道倾角取不同值中途转移速度增量随中途转移时刻的变化

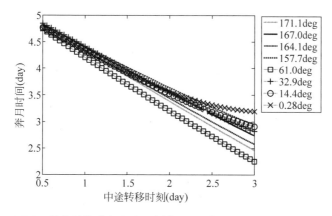

图 4.11　PTOP 段奔月轨道倾角取不同值 LOP 奔月时间随中途转移时刻的变化

月时间。与图 4.10 所示特性不同,轨道倾角 i_{tl} 对奔月时间影响微弱。随着中途转移时间延迟,奔月时间整体单调递减。图 4.12 与图 4.13 给出轨道倾角 i_{tl} 对 LOP 轨道特性的影响。由图可知,轨道倾角 i_{tl} 对 LOP 近月轨道倾角影响较弱,而对 LOP 返回轨道倾角影响显著。如图 4.13 所示,逆向轨道对应 LOP 返回轨道倾角整体大于正向轨道。随中途转移时间的延迟,LOP 近月轨道与月赤道夹角单调递减,而 LOP 返回轨道倾角单调递增。

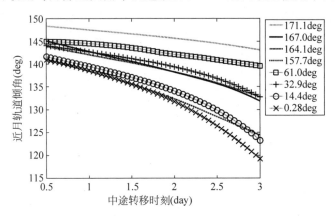

图 4.12　PTOP 段奔月轨道倾角取不同值 LOP 近月轨道倾角随中途转移时刻的变化

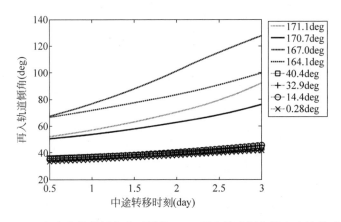

图 4.13　PTOP 段奔月轨道倾角取不同值 LOP 再入轨道倾角随中途转移时刻的变化

图 4.14 给出轨道倾角 i_{tl} 对 LOI 速度增量的影响。由图可知,逆向轨道对应的 LOI 速度增量整体高于正向轨道。速度增量在[0.72,1.03]km/s 的区间内变化。中途转移时间对 LOI 速度增量影响较相对弱,速度增量变化幅度不超过 0.04km/s。

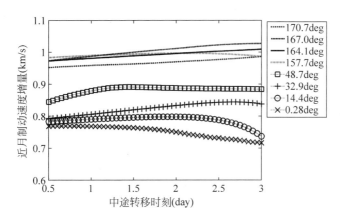

图 4.14　PTOP 段奔月轨道倾角取不同值近月制动速度增量随中途转移时刻的变化

4.5　高精度模型下数值评估

本节建立地球高精度引力模型验证伪状态模型精度。地球高精度引力模型考虑了地球 J_2 摄动、月球与太阳三体摄动和太阳光压摄动。此模型下的航天器非线性动力学方程见式(3-92)～式(3-96)。以伪状态模型解作为初值，在高精度模型中积分，可获得轨道终端误差。

图 4.15 给出不同中途转移时刻，伪状态模型与高精度模型积分终端近月点高度差。由图可知，近月点误差区间[200,2000]km；积分时间越短，误差越小。图 4.16 给出圆锥曲线拼接模型与高精度模型积分终端近月点高度差。由图可知，误差区间[20000,50000]km；对比伪状态模型，误差高出

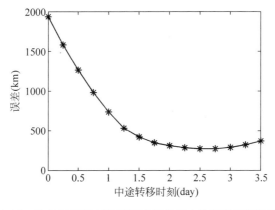

图 4.15　伪状态模型下近月距离误差随中途转移时刻的变化

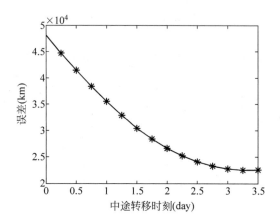

图 4.16   圆锥曲线拼接模型下近月距离误差随中途转移时刻的变化

一个数量级以上;误差特性相似于图 4.15,积分时间越短,产生的误差越小。相比圆锥曲线拼接模型,伪状态模型表现出更好的精确性。

本节采用 Trust-Region Dogleg 梯度算法消除高精度模型下的积分终端误差和修正初始设计轨道。多段自由返回轨道修正涉及的自由变量和约束有

$$\boldsymbol{y}_{\mathrm{PTOP}} = \begin{bmatrix} \mathrm{TLI} \\ \Omega_{\mathrm{tl}} \\ \omega_{\mathrm{tl}} \end{bmatrix}_{3 \times 1} \quad (4\text{-}47)$$

$$\boldsymbol{y}_{\mathrm{LOP}} = \begin{bmatrix} \mathrm{LTM}\text{-}x \\ \mathrm{LTM}\text{-}y \\ \mathrm{LTM}\text{-}z \end{bmatrix}_{3 \times 1} \quad (4\text{-}48)$$

$$\boldsymbol{c}_{\mathrm{PTOP}} = \begin{bmatrix} \dfrac{h_{\mathrm{re}} - h_{\mathrm{re0}}}{h_{\mathrm{re0}}} \\ \dfrac{\gamma_{\mathrm{re}} - \gamma_{\mathrm{re0}}}{\gamma_{\mathrm{re0}}} \end{bmatrix}_{2 \times 1} \quad (4\text{-}49)$$

$$\boldsymbol{c}_{\mathrm{LOP}} = \begin{bmatrix} \dfrac{h_{\mathrm{re}} - h_{\mathrm{re0}}}{h_{\mathrm{re0}}} \\ \dfrac{\gamma_{\mathrm{re}} - \gamma_{\mathrm{re0}}}{\gamma_{\mathrm{re0}}} \\ \dfrac{h_{\mathrm{cp}} - h_{\mathrm{cp0}}}{h_{\mathrm{cp0}}} \end{bmatrix}_{3 \times 1} \quad (4\text{-}50)$$

式中,轨道高度 h_{re0} 和 h_{cp0} 分别为 121km 和 100km;再入角 γ_{re0} 为 $-6\mathrm{deg}$。

以伪状态模型解作为轨道修正自由变量初值。多段轨道修正涉及目标函数为

$$F(\boldsymbol{y}) = \frac{1}{2}\boldsymbol{c}(\boldsymbol{y})^{\mathrm{T}}\boldsymbol{c}(\boldsymbol{y}) \tag{4-51}$$

本节给出 9 组仿真算例验证轨道设计算法的精确性与鲁棒性。表 4.1～表 4.9 列出了不同中途转移时刻仿真计算结果。包括了伪状态模型下轨道设计初值(IE)以及高精度模型下收敛解(FS)。

表 4.1　PTOP 段自由返回轨道设计初值与精确解

	TLI(km/s)	Ω(deg)	ω(deg)	$F(\boldsymbol{y})$	迭代
PTOP(IE)	3.13136	96.976	26.342	7.466	—
PTOP(FS)	3.13865	89.074	34.641	4.685×10^{-10}	31

历元时刻 2024-12-27 00:29:39.000UTC, $a=2.1209\times10^{5}\,\mathrm{km}$, $e=0.969$, $i=60.964\mathrm{deg}$, $\Omega=89.074\mathrm{deg}$, $\omega=34.641\mathrm{deg}$, $f=0.00\mathrm{deg}$

表 4.2　$t_{\mathrm{LTM}}=0.5\mathrm{day}$ 时刻 LOP 段自由返回轨道设计初值与精确解

	LTM-x（m/s）	LTM-y（m/s）	LTM-z（m/s）	$F(\boldsymbol{y})$	迭代
LOP(IE)	−266.0218	−19.423	−14.813	52.1	—
LOP(FS)	−347.914	−53.586	−108.848	1.386×10^{-5}	66

历元时刻 2024-12-27 12:29:39.000UTC, $a=2.306\times10^{5}\,\mathrm{km}$, $e=0.968$, $i=98.014\mathrm{deg}$, $\Omega=97.193\mathrm{deg}$, $\omega=35.135\mathrm{deg}$, $f=156.539\mathrm{deg}$

表 4.3　$t_{\mathrm{LTM}}=0.975\mathrm{day}$ 时刻 LOP 段自由返回轨道设计初值与精确解

	LTM-x(m/s)	LTM-y(m/s)	LTM-z(m/s)	$F(\boldsymbol{y})$	迭代
LOP(IE)	−273.901	5.082×10^{-4}	11.763	49.70	—
LOP(FS)	−322.585	−62.355	−103.760	6.357×10^{-6}	61

历元时刻 2024-12-27 23:53:39.000UTC, $a=2.335\times10^{5}\,\mathrm{km}$, $e=0.959$, $i=109.007\mathrm{deg}$, $\Omega=104.800\mathrm{deg}$, $\omega=37.032\mathrm{deg}$, $f=160.953\mathrm{deg}$

表 4.4　$t_{\mathrm{LTM}}=1.0\mathrm{day}$ 时刻 LOP 段自由返回轨道设计初值与精确解

	LTM-x(m/s)	LTM-y(m/s)	LTM-z(m/s)	$F(\boldsymbol{y})$	迭代
LOP(IE)	−272.512	0.649	12.479	47.97	—
LOP(FS)	−335.104	−66.939	−107.924	3.444×10^{-6}	61

历元时刻 2024-12-28 00:29:39.000UTC, $a=2.3469\times10^{5}\,\mathrm{km}$, $e=0.957$, $i=110.888\mathrm{deg}$, $\Omega=105.650\mathrm{deg}$, $\omega=37.762\mathrm{deg}$, $f=160.650\mathrm{deg}$

表 4.5　$t_{LTM}=1.5day$ 时刻 LOP 段自由返回轨道设计初值与精确解

	LTM-x(m/s)	LTM-y(m/s)	LTM-z(m/s)	$F(\boldsymbol{y})$	迭代
LOP(IE)	−288.484	8.976	14.799	46.02	—
LOP(FS)	−317.561	−61.297	−102.099	5.727×10^{-6}	66

历元时刻 2024-12-28 12:29:39.000UTC，$a=2.2881\times10^5$ km，$e=0.946$，$i=116.376$deg，$\Omega=111.147$deg，$\omega=39.299$deg，$f=163.252$deg

表 4.6　$t_{LTM}=2.0day$ 时刻 LOP 段自由返回轨道设计初值与精确解

	LTM-x (m/s)	LTM-y (m/s)	LTM-z (m/s)	$F(\boldsymbol{y})$	迭代
LOP (IE)	−252.942	28.166	38.992	44.06	—
LOP(FS)	−332.278	−56.728	−103.381	2.734×10^{-5}	61

历元时刻 2024-12-29 00:29:39.000UTC，$a=2.2689\times10^5$ km，$e=0.928$，$i=122.112$deg，$\Omega=116.716$deg，$\omega=41.969$deg，$f=164.405$deg

表 4.7　$t_{LTM}=2.5day$ 时刻 LOP 段自由返回轨道设计初值与精确解

	LTM-x(m/s)	LTM-y(m/s)	LTM-z(m/s)	$F(\boldsymbol{y})$	迭代
LOP(IE)	−292.134	41.083	46.2982	42.32	—
LOP(FS)	−353.999	−43.552	−99.662	3.849×10^{-6}	61

历元时刻 2024-12-29 12:29:39.000UTC，$a=2.2497\times10^5$ km，$e=0.904$，$i=126.540$deg，$\Omega=121.853$deg，$\omega=44.398$deg，$f=165.573$deg

表 4.8　$t_{LTM}=3.0day$ 时刻 LOP 段自由返回轨道设计初值与精确解

	LTM-x (m/s)	LTM-y (m/s)	LTM-z (m/s)	$F(\boldsymbol{y})$	迭代
LOP(IE)	−393.811	66.918	78.235	40.13	—
LOP(FS)	−431.505	−25.359	−101.050	3.407×10^{-6}	56

历元时刻 2024-12-30 00:29:39.000UTC，$a=2.2872\times10^5$ km，$e=0.842$，$i=132.806$deg，$\Omega=129.202$deg，$\omega=50.039$deg，$f=165.099$deg

表 4.9　$t_{LTM}=3.5day$ 时刻 LOP 段自由返回轨道设计初值与精确解

	LTM-x(m/s)	LTM-y(m/s)	LTM-z(m/s)	$F(\boldsymbol{y})$	迭代
LOP(IE)	−452.723	80.871	87.210	35.3	—
LOP(FS)	−507.371	76.392	−68.799	7.124×10^{-6}	51

历元时刻 2024-12-30 12:29:39.000UTC，$a=2.2995\times10^5$ km，$e=0.742$，$i=135.450$deg，$\Omega=134.085$deg，$\omega=50.431$deg，$f=168.504$deg

　　表 4.1 给出 PTOP 段自由返回轨道设计初值与修正后收敛解。由表可知，积分终端误差 $F(\boldsymbol{y})$ 仅为圆锥曲线拼接模型误差的 10%（见表 3.2），

可在 31 步迭代内消除。表 4.1 同时给出高精度模型下 PTOP 轨道初始状态。表 4.2～表 4.9 给出不同中途转移时刻 LOP 段自由返回轨道设计初值与修正后收敛解。相比于 PTOP 段轨道,LOP 段轨道终端误差较大。这主要是由高精度模型下轨道演化带来的中途转移变轨点位置误差所致。由表可知,终端误差 $F(y)$ 随中途转移时间的延迟而单调递减;高精度模型下 LOP 段轨道修正可在 70 步内收敛。图 4.17 给出轨道设计初值在高精度模型下演化结果。由图可清晰看出演化轨道在近月点与地球再入点存在的较大误差。图 4.17 给出最终收敛解在高精度模型下演化结果。图示轨道族满足 4.3.4 节提出的各类轨道约束,初步满足了工程应用对轨道设计需求。多段自由返回轨道中 PTOP 段轨道近月距离可灵活设计,这也使得飞行时间与月球到达时刻的设计更为灵活。图 4.18 所示 PTOP 段轨道近月距为 10000km,LOP 段轨道的近月距均为 100km。

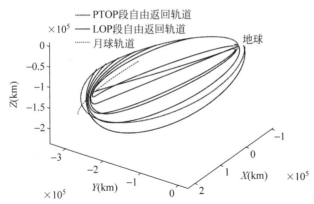

图 4.17　不同中途转移时刻的多段自由返回轨道初值在高精度模型下的演化

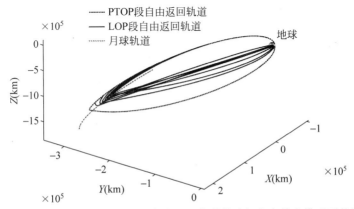

图 4.18　不同中途转移时刻多段自由返回轨道精确解在高精度模型下的演化

4.6 本 章 小 结

本节基于伪状态理论建立了多段自由返回轨道解析计算模型。该模型精度显著优于第 3 章所采用的圆锥曲线拼接模型,同时避免了影响球处航天器状态的判定。轨道设计算法呈现全解析特性。本节对多段轨道绕月段(LOP)与地球返回段特性进行了研究。结果表明,随中途转移时间的延迟,中途转移速度增量单调增加,奔月时间线性减小。逆向奔月段自由返回轨道(PTOP)相比正向轨道,对应转移或制动速度增量更大;LOP 再入段轨道倾角更大。

本节采用 9 组仿真算例验证了轨道设计算法的精确性与鲁棒性。结果表明,基于伪状态理论建立的轨道计算模型误差仅为圆锥曲线拼接模型误差的 10%。高精度模型下 PTOP 段轨道积分产生的终端误差很小,可在 31 步迭代内消除。相比于 PTOP 段轨道,LOP 段轨道终端误差较大。这主要是由高精度模型下轨道演化带来的中途转移变轨点位置误差所致。其终端误差会随中途转移时间的延迟而单调递减。高精度模型下 LOP 段轨道修正可在 70 步内收敛。上述结论表明,伪状态理论可很好地适用于载人登月任务特性分析与轨道设计。

第5章　月球着陆器自主交会
对接变轨策略规划

5.1　引　　言

本章研究背景为我国探月工程任务三期。探月工程三期采用一次发射、月球轨道交会对接、无人采样返回方案,共有 11 个飞行段,每个飞行阶段的中心天体与摄动不尽相同。计划采用的月球探测器系统由 4 部分组成,分别是轨道器、着陆器、上升器和返回器,各部分功能介绍可参考第 1.2.1 节。月球附近的交会对接分为 4 个阶段:交会段、对接段、组合飞行段与返回段。其中交会段又分为远程导引段和自主控制段。自主控制段完全依赖船上制导、导航与控制(GNC)分系统自主完成,包括寻的、接近、平移和靠拢 4 个阶段。远程导引段需接收地面指令,实施轨道机动,使着陆器抵达轨道器附近,完成着陆器所载敏感器对轨道器的捕获。本章针对探月三期采样返回任务中着陆器与轨道器交会对接展开研究,重点考虑了远程导引段轨道机动与变轨策略优化问题,设计了可从任意点起算,并可灵活自主调整变轨脉冲数、变轨时间和总交会时间的策略规划模型。算法通过给定的初始和目标轨道根数,自主设计满足交会过程约束以及终端状态约束的轨道机动和变轨策略,使总燃料消耗达到最优。

5.2 节从 C-W 方程入手,构建交会对接解析计算模型。首先引入了参考圆轨道,在旋转坐标系下线性化相对运动方程,然后求解相对运动的起始与终端边界条件,并根据状态转移矩阵,构建交会对接方程。

5.3 节提出了三步迭代算法,以实现控制策略由线性模型、二体模型到高精度模型的光滑过渡。首先基于 5.2 节交会对接方程组,构建线性解析最优变轨策略,然后引入修正算法,逐步完成在更高精度模型下的修正,获得最终精确变轨策略。

5.4 节通过数值仿真,验证了本章算法的有效性与收敛性,并采用遗传算法,验证了三步迭代求解的最优性。

5.2　交会对接线性化模型

本节基于状态转移矩阵,建立了线性化月球着陆器交会对接方程。假设初始轨道与交会目标轨道均为近圆轨道。为线性化旋转坐标系下的相对运动方程,在初始轨道和目标轨道之间引入了一个参考圆轨道,如图 5.1 所示。在本章中,下标 0,r 和 f 分别代表初始、参考和终端轨道参数。定义参考轨道参数 T_r、i_r 和 Ω_r 分别为

$$T_r = \frac{t_f - t_0}{\Delta\alpha/2\pi} = \frac{\Delta t}{\Delta\alpha/2\pi} \tag{5-1}$$

$$i_r = \frac{i_0 + i_f}{2}, \quad \Omega_r = \frac{\Omega_0 + \Omega_f}{2} \tag{5-2}$$

式中 Δt 为交会时间,$\Delta\alpha$ 为从初始位置到末端交会位置的相位差。通过式(5-1),可获得参考轨道的半长轴

$$a_r = \sqrt[3]{\left(\frac{T_r}{2\pi}\right)^2 \cdot \mu} \tag{5-3}$$

在本章中,为了讨论问题和计算上的方便,采用物理参数的无量纲形

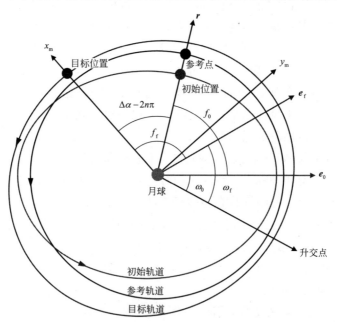

图 5.1　初始轨道、参考轨道和目标轨道间几何演化示意图

式。这里归一化标准单位取为 a_r、v_r 和 $\bar{\omega}_r$,例如:

$$v_r = \sqrt{\frac{\mu}{a_r}} = 1, \quad \bar{\omega}_r = \sqrt{\frac{\mu}{a_r^3}} = 1 \tag{5-4}$$

式中 v_r 为航天器速度,$\bar{\omega}_r$ 为旋转坐标系角速度。如图 5.1 所示,定义轨道坐标系 (x_m, y_m, z_m),坐标原点位于月心,x 轴指向瞬时交会点,y 轴垂直 x 轴沿航天器横向运动相反方向,z 轴与 x 轴和 y 轴构成右手坐标系。将初始轨道和目标轨道的偏心率矢量在 (x_m, y_m, z_m) 中投影得

$$q_0 = e_0 \cos(f_0 + \Delta\alpha), \quad g_0 = e_0 \sin(f_0 + \Delta\alpha) \tag{5-5}$$

$$q_f = e_f \cos f_f, \quad g_f = e_f \sin f_f \tag{5-6}$$

圆轨道情况下真近点角和近地点幅角定义奇异,上述轨道根数的引入可消除定义以及计算奇异性。无量纲化后的目标轨道与初始轨道根数差可表示为

$$\Delta a = \frac{a_f - a_0}{a_r}, \quad \Delta i = i_f - i_0, \quad \Delta\Omega = \Omega_f - \Omega_0 \tag{5-7}$$

$$\Delta q = q_f - q_0, \quad \Delta g = g_f - g_0 \tag{5-8}$$

5.2.1　相对运动状态转移矩阵

建立当地水平-垂直坐标系(LVLH),坐标原点为参考点,x 轴指向航天器瞬时位置,z 轴沿航天器绕月球旋转角动量方向,y 轴与 x 轴和 z 轴构成右手坐标系。在 LVLH 坐标系下,航天器的相对运动方程可表示为[104]

$$\frac{d^2 \boldsymbol{r}}{dt^2} + 2\boldsymbol{\omega}_r \times \frac{d\boldsymbol{r}}{dt} + \boldsymbol{\omega}_r \times (\boldsymbol{\omega}_r \times r) + \frac{d\boldsymbol{\omega}_r}{dt} \times \boldsymbol{r} = -\frac{\mu}{r_r^3}\left[\boldsymbol{r}_r - \left(\frac{r_r}{r_s}\right)^3 \boldsymbol{r}_s\right] \tag{5-9}$$

其中 $\boldsymbol{\omega}_r$ 为旋转坐标系的角速度矢量,r_r 和 r_s 分别为登月舱和参考点相对月球的位置矢量,$\boldsymbol{r}$ 为 LVLH 坐标系中登月舱位置矢量,μ 为月球的引力常数。令相对状态矢量 $\boldsymbol{X} = \begin{bmatrix} x & y & z & \dot{x} & \dot{y} & \dot{z} \end{bmatrix}^T$,则上述方程可表述为如下状态量形式:

$$\delta\dot{\boldsymbol{X}} = \begin{bmatrix} 0 & 0 & 0 & 1 & 0 & 0 \\ 0 & 0 & 0 & 0 & 1 & 0 \\ 0 & 0 & 0 & 0 & 0 & 1 \\ 2\dfrac{\mu}{r^3} + \omega_r^2 & -\dot{\omega}_r & 0 & 0 & -2\omega_r & 0 \\ \dot{\omega}_r & -\dfrac{\mu}{r^3} + \omega_r^2 & 0 & 2\omega_r & 0 & 0 \\ 0 & 0 & -\dfrac{\mu}{r^3} & 0 & 0 & 0 \end{bmatrix} \delta\boldsymbol{X} \tag{5-10}$$

参考轨道假设为圆轨道,角速度 ω_r 为常数。由此,式(5-10)可进一步简化为

$$\delta \dot{X} = \begin{bmatrix} 0 & 0 & 0 & 1 & 0 & 0 \\ 0 & 0 & 0 & 0 & 1 & 0 \\ 0 & 0 & 0 & 0 & 0 & 1 \\ 3\omega_r^2 & 0 & 0 & 0 & -2\omega_r & 0 \\ 0 & 0 & 0 & 2\omega_r & 0 & 0 \\ 0 & 0 & -\omega_r^2 & 0 & 0 & 0 \end{bmatrix} \delta X \tag{5-11}$$

方程(5-11)对应状态方程

$$\dot{z} = A(t)z \tag{5-12}$$

参考文献[159]和文献[160],方程解可表述为如下一般形式:

$$z(t) = \varphi(t)\varphi(t_0)^{-1}z(t_0) \tag{5-13}$$

式中 $\varphi(t)$ 为 $A(t)$ 的基础解矩阵,$\varphi(t_0)^{-1}$ 为 $\varphi(t)$ 的逆矩阵。$\varphi(t)\varphi(t_0)^{-1}$ 构成了相对运动方程的状态转移矩阵,可表示为如下形式:

$$\boldsymbol{\Phi}(t,t_0) =$$

$$\begin{bmatrix} 4-3\cos\alpha & 0 & 0 & \sin\alpha/\omega_r & 2(1-\cos\alpha)/\omega_r & 0 \\ 6(\sin\alpha-\alpha) & 1 & 0 & 2(\cos\alpha-1)/\omega_r & (4\sin\alpha-3\alpha)/\omega_r & 0 \\ 0 & 0 & \cos\alpha & 0 & 0 & \sin\alpha/\omega_r \\ 3\omega_r\sin\alpha & 0 & 0 & \cos\alpha & 2\sin\alpha & 0 \\ 6\omega_r(\cos\alpha-1) & 0 & 0 & -2\sin\alpha & 4\cos\alpha-3 & 0 \\ 0 & 0 & -\omega_r\sin\alpha & 0 & 0 & \cos\alpha \end{bmatrix}$$

$$\tag{5-14}$$

式中相位差

$$\alpha = \omega_r(t-t_0) \tag{5-15}$$

采用式(5-4),得归一化后描述相对运动的状态转移矩阵:

$$\boldsymbol{\Phi}(t,t_0) = \begin{bmatrix} 4-3\cos\alpha & 0 & 0 & \sin\alpha & 2(1-\cos\alpha) & 0 \\ 6(\sin\alpha-\alpha) & 1 & 0 & 2(\cos\alpha-1) & (4\sin\alpha-3\alpha) & 0 \\ 0 & 0 & \cos\alpha & 0 & 0 & \sin\alpha \\ 3\sin\alpha & 0 & 0 & \cos\alpha & 2\sin\alpha & 0 \\ 6(\cos\alpha-1) & 0 & 0 & -2\sin\alpha & 4\cos\alpha-3 & 0 \\ 0 & 0 & -\sin\alpha & 0 & 0 & \cos\alpha \end{bmatrix}$$

$$\tag{5-16}$$

5.2.2 初始与末端条件

设登月舱在参考点附近运动,与参考轨道的轨道根数之差可表示为

$$\delta \boldsymbol{a} = \boldsymbol{a} - \boldsymbol{a}_r = [\delta a, \delta e, \delta i, \delta \Omega, \delta \omega, \delta M]^{\mathrm{T}} \tag{5-17}$$

利用文献[161]和[162]所示算法,在 LVLH 坐标系下,登月舱相对参考点的位置矢量可表示为

$$x = \frac{r_r}{a_r} \delta a - a_r \cos f_r \delta e + \frac{a_r e_r \sin f_r}{\sqrt{1 - e_r^2}} \delta M \tag{5-18}$$

$$y = \frac{r_r \sin f_r}{1 - e_r^2} (2 + e_r \cos f_r) \delta e + r_r \cos i_r (1 + e_r \cos f_r)^2 \delta \Omega +$$

$$r_r \delta \omega + \frac{r_r}{(1 - e_r^2)^{3/2}} (1 + e_r \cos f_r)^3 \delta M \tag{5-19}$$

$$z = r_r \sin u_r \delta i - r_r \cos u_r \sin i_r \delta \Omega \tag{5-20}$$

相对速度矢量为

$$\dot{x} = -\frac{v_r^r}{2a_r} \delta a + \frac{1}{p_r} \Big(h_r e_r \cos f_r \sin f_r \frac{2 + e_r \cos f_r}{1 - e_r^2} + v_r^r a_r e_r \sin(2\omega_r) +$$

$$h_r \sin f_r \Big) \delta e + h_r e_r \sin f_r \frac{(1 + e_r \cos f_r)^2}{p_r \sqrt{(1 - e_r^2)^3}} \delta M \tag{5-21}$$

$$\dot{y} = -\frac{3v_r^t}{2a_r} \delta a + \frac{1}{p_r} \Big(3a_r e_r v_r^t + 2h_r \cos f_r - (h_r e_r \sin f_r)^2 \frac{2 + e_r \cos f_r}{1 - e_r^2} \Big) \delta e +$$

$$v_r^r \cos i_r \delta \Omega + \Big(\frac{2h_r e_r \sin f_r}{p_r} - v_r^r \Big) \delta \omega - \frac{v_r^r (1 + h_r e_r \sin f_r)^2}{\sqrt{(1 - e_r^2)^3}} \delta M$$

$$\tag{5-22}$$

$$\dot{z} = (v_r^t \cos u_r + v_r^r \sin u_r) \delta i_r + \sin i_r (v_r^t \sin u_r - v_r^r \cos u_r) \delta \Omega \tag{5-23}$$

式中半通径 p 和轨道高度 h 分别为

$$p = a(1 - e^2), \quad h = \sqrt{a(1 - e^2)\mu} \tag{5-24}$$

参考轨道假设为圆轨道,由此可得

$$e_r = 0, \quad v_r^r = 0 \tag{5-25}$$

将上述方程代入式(5-18)～式(5-23),则相对运动方程可简化为

$$x = \delta a - a_r \cos f_r \delta e \tag{5-26}$$

$$y = 2a_r \sin f_r \delta e + a_r (\delta \omega + \delta M) + a_r \cos i_r \delta \Omega \tag{5-27}$$

$$z = a_r \sin u_r \delta i - a_r \cos u_r \sin i_r \delta \Omega \tag{5-28}$$

$$\dot{x} = v_r^t \sin f_r \delta e \tag{5-29}$$

$$\dot{y} = -\frac{3v_r^t}{2a_r} \delta a + 2v_r^t \cos f_r \delta e \tag{5-30}$$

$$\dot{z} = v_r^t \cos u_r \delta i + \sin i_r v_r^t \sin u_r \delta \Omega \tag{5-31}$$

定义初始 t_0 时刻登月舱所在轨道的轨道根数为 $\boldsymbol{a}_0 = [a_0, e_0, i_0, \Omega_0, \omega_0, f_0]^T$，且如图 5.1 所示，纬度幅角满足方程 $u_r = u_0$，由此可得

$$u_{r0} = \omega_{r0} + M_{r0} = \omega_0 + M_0 \tag{5-32}$$

对参考轨道而言，ω_{r0} 可定义为任意值，在此假设

$$\omega_{r0} = \omega_0 \tag{5-33}$$

由此可得

$$f_{r0} = M_{r0} = u_{r0} - \omega_0 = M_0 \tag{5-34}$$

鉴于初始轨道为近圆轨道，且计算只涉及 f_{r0} 的三角函数，由此不妨近似取

$$f_{r0} = M_0 \approx f_0 \tag{5-35}$$

来简化相对运动方程。将上式代入方程（5-26）～方程（5-31），并经归一化后，可得初始时刻登月舱相对参考点的相对运动方程

$$x_0 = \delta a_0 - \cos f_0 \delta e_0 \tag{5-36}$$

$$y_0 = 2\sin f_0 \delta e_0 + \cos i_r \delta \Omega_0 \tag{5-37}$$

$$z_0 = \sin u_0 \delta i_0 - \cos u_0 \sin i_r \delta \Omega_0 \tag{5-38}$$

$$\dot{x}_0 = \sin f_0 \delta e_0 \tag{5-39}$$

$$\dot{y}_0 = -\frac{3}{2}\delta a_0 + 2\cos f_0 \delta e_0 \tag{5-40}$$

$$\dot{z}_0 = \cos u_0 \delta i_0 + \sin i_r \sin u_0 \delta \Omega_0 \tag{5-41}$$

定义交会 t_f 时刻登月舱所在轨道的轨道根数为 $\boldsymbol{a}_f = [a_f, e_f, i_f, \Omega_f, \omega_f, f_f]^T$，由于目标轨道同样为近月轨道，由此可得

$$f_{rf} = f_f \tag{5-42}$$

将式（5-42）代入方程（5-26）～方程（5-31），并经归一化后，可得终端交会时刻登月舱相对参考点的相对运动方程

$$x_f = \delta a_f - \cos f_f \delta e_f \tag{5-43}$$

$$y_f = 2\sin f_f \delta e_f + \cos i_r \delta \Omega_f \tag{5-44}$$

$$z_f = \sin u_f \delta i_f - \cos u_f \sin i_r \delta \Omega_f \tag{5-45}$$

$$\dot{x}_f = \sin f_f \delta e_f \tag{5-46}$$

$$\dot{y}_f = -\frac{3}{2}\delta a_f + 2\cos f_f \delta e_f \tag{5-47}$$

$$\dot{z}_f = \cos u_f \delta i_f + \sin i_r \sin u_f \delta \Omega_f \tag{5-48}$$

至此，得到初始以及交会时刻登月舱相对运动的边界条件。

5.2.3 交会对接方程组

假设用 n 次脉冲实现与月球目标轨道的交会。则利用相对运动的状态

转移矩阵,可得如下交会对接终端方程:

$$\boldsymbol{X}_{\mathrm{f}} = \overline{\boldsymbol{\Phi}}(t_{\mathrm{f}}, t_0) X_0 + \sum_{i=1}^{n} \overline{\boldsymbol{\Phi}}(t_{\mathrm{f}}, t_i) \begin{bmatrix} 0 & 0 & 0 & \Delta v_i^r & \Delta v_i^t & \Delta v_i^z \end{bmatrix}^{\mathrm{T}}$$

$$(5\text{-}49)$$

t_i 代表第 i 次脉冲变轨时刻。方程可进一步整理为

$$\sum_{i=1}^{n} \overline{\boldsymbol{\Phi}}(t_{\mathrm{f}}, t_i) \begin{bmatrix} 0 & 0 & 0 & \Delta v_i^r & \Delta v_i^t & \Delta v_i^z \end{bmatrix}^{\mathrm{T}} = \boldsymbol{X}_{\mathrm{f}} - \overline{\boldsymbol{\Phi}}(t_{\mathrm{f}}, t_0) \boldsymbol{X}_0$$

$$(5\text{-}50)$$

将式(5-43)～式(5-48)、式(5-16)和式(5-36)～式(5-41)依次代入上述方程右端项,展开可得

$$\sum_{i=1}^{n} \overline{\boldsymbol{\Phi}}(t_{\mathrm{f}}, t_i) \begin{bmatrix} 0 & 0 & 0 & \Delta v_i^r & \Delta v_i^t & \Delta v_i^z \end{bmatrix}_0^{\mathrm{T}}$$

$$= \begin{bmatrix} \dfrac{\Delta a_{\mathrm{f}} - \Delta a_0}{a_{\mathrm{r}}} - \left[e_{\mathrm{f}} \cos f_{\mathrm{f}} - e_0 \cos(f_0 + \Delta \alpha) \right] \\[2mm] -\dfrac{3}{2} \dfrac{\Delta a_0}{a_{\mathrm{r}}} \Delta \alpha + \left[2 e_{\mathrm{f}} \sin f_{\mathrm{f}} - 2 e_0 \sin(f_0 + \Delta \alpha) \right] \\[2mm] \Delta z \\[2mm] \left[e_{\mathrm{f}} \sin f_{\mathrm{f}} - e_0 \sin(f_0 + \Delta \alpha) \right] \\[2mm] -\dfrac{3}{2} \dfrac{\Delta a_{\mathrm{f}} - \Delta a_0}{a_{\mathrm{r}}} + 2 \left[e_{\mathrm{f}} \cos f_{\mathrm{f}} - e_0 \cos(f_0 + \Delta \alpha) \right] \\[2mm] \Delta \dot{z} \end{bmatrix} \quad (5\text{-}51)$$

式中

$$\begin{aligned} \Delta z &= \left[\sin u_{\mathrm{f}} \Delta i_{\mathrm{f}} - \sin(u_0 + \Delta \alpha) \Delta i_0 \right] + \\ &\quad \sin i_{\mathrm{r}} \left[-\cos u_{\mathrm{f}} \Delta \Omega_{\mathrm{f}} + \cos(u_0 + \Delta \alpha) \Delta \Omega_0 \right] \\ &= \frac{\Delta i}{2} \left[\sin u_{\mathrm{f}} - \sin(u_0 + \Delta \alpha) \right] + \\ &\quad \frac{\Delta \Omega}{2} \sin i_{\mathrm{r}} \left[-\cos u_{\mathrm{f}} + \cos(u_0 + \Delta \alpha) \right] \end{aligned} \quad (5\text{-}52)$$

$$\begin{aligned} \Delta \dot{z} &= \left[\cos u_{\mathrm{f}} \Delta i_{\mathrm{f}} - \cos(u_0 + \Delta \alpha) \Delta i_0 \right] + \\ &\quad \sin i_{\mathrm{r}} \left[\sin u_{\mathrm{f}} \Delta \Omega_{\mathrm{f}} - \sin(u_0 + \Delta \alpha) \Delta \Omega_0 \right] \\ &= \frac{\Delta i}{2} \left[\cos u_{\mathrm{f}} - \cos(u_0 + \Delta \alpha) \right] + \\ &\quad \frac{\Delta \Omega}{2} \sin i_{\mathrm{r}} \left[\sin u_{\mathrm{f}} - \sin(u_0 + \Delta \alpha) \right] \end{aligned} \quad (5\text{-}53)$$

通过定义

$$\Delta q = e_f \cos f_f - e_0 \cos(f_0 + \Delta\alpha) \qquad (5\text{-}54)$$

$$\Delta g = e_f \sin f_f - e_0 \sin(f_0 + \Delta\alpha) \qquad (5\text{-}55)$$

$$\Delta\tau = \frac{3}{2}\frac{\Delta a_0}{a_r}\Delta\alpha \qquad (5\text{-}56)$$

可将方程(5-51)简化为

$$\sum_{i=1}^{n}\overline{\boldsymbol{\Phi}}(t_f, t_i)\begin{bmatrix}0 & 0 & 0 & \Delta v_i^r & \Delta v_i^t & \Delta v_i^z\end{bmatrix}^{\mathrm{T}}$$

$$=\begin{bmatrix}\Delta a - \Delta q & -\Delta\tau + 2\Delta g & \Delta z & \Delta g & -\dfrac{3}{2}\Delta a + 2\Delta q & \dot{\Delta z}\end{bmatrix}^{\mathrm{T}} \quad (5\text{-}57)$$

展开方程(5-51)左端项,可得如下归一化后的约束方程:

$$\sum_{i=1}^{n}\left[\sin\alpha_i \Delta v_i^r + 2(1-\cos\alpha_i)\Delta v_i^t\right] = \Delta a - \Delta q \qquad (5\text{-}58)$$

$$\sum_{i=1}^{n}\left[2(1-\cos\alpha_i)\Delta v_i^r + (4\sin\alpha_i - 3\alpha_i)\Delta v_i^t\right] = -\Delta\tau + 2\Delta g \quad (5\text{-}59)$$

$$\sum_{i=1}^{n}(\sin\alpha_i \Delta v_i^z) = \Delta z \qquad (5\text{-}60)$$

$$\sum_{i=1}^{n}\left[-2\sin\alpha_i \Delta v_i^r + (4\cos\alpha_i - 3)\Delta v_i^t\right] = -\frac{3}{2}\Delta a + 2\Delta q \qquad (5\text{-}61)$$

$$\sum_{i=1}^{n}(\cos\alpha_i \Delta v_i^r + 2\sin\alpha_i \Delta v_i^t) = \Delta g \qquad (5\text{-}62)$$

$$\sum_{i=1}^{n}(\cos\alpha_i \Delta v_i^z) = \dot{\Delta z} \qquad (5\text{-}63)$$

通过上述推导可知,方程(5-58)、方程(5-59)、方程(5-61)和方程(5-62)为交会对接平面内瞄准方程。方程(5-60)和方程(5-63)为交会对接平面外瞄准方程。平面内方程只与横向和径向脉冲分量有关,面外方程只与法向脉冲分量有关。因此在线性模型下,面内交会方程与面外方程相互独立。面外误差 Δz 和 $\dot{\Delta z}$ 可以通过一次法向脉冲消除。由方程(5-60)和方程(5-63)可得面外脉冲速度增量的大小和位置:

$$\Delta v_j^z = \sqrt{\Delta z^2 + \dot{\Delta z}^2} \qquad (5\text{-}64)$$

$$\tan\alpha_j = \frac{\Delta z}{\dot{\Delta z}} \qquad (5\text{-}65)$$

Δv_j^z 表示将面外变轨安排在总变轨次数的第 j 次。面外脉冲变轨不影响面内交会方程的求解,因此面外脉冲变轨位置可灵活设计。

如果面内变轨方向只限制在横向,则面内线性化交会方程可进一步简化为

$$2\sum_{i=1}^{n}\Delta v_i^t = \Delta a \tag{5-66}$$

$$\sum_{i=1}^{n}(2\cos\alpha_i \Delta v_i^t) = \Delta q \tag{5-67}$$

$$\sum_{i=1}^{n}(2\sin\alpha_i \Delta v_i^t) = \Delta g \tag{5-68}$$

$$\sum_{i=1}^{n}(3\alpha_i \Delta v_i^t) = \Delta\tau \tag{5-69}$$

上述方程组将用于后续交会对接任务变轨策略的求解与规划。至此,完成了交会对接线性化方程组的推导。

5.3　多模型迭代

本节建立了三步迭代算法求解交会对接脉冲变轨量的大小、方向以及作用时刻。通过求解线性化交会对接方程组获得初值,然后在高精度模型下迭代修正,获得最终的变轨策略。为减小模型间误差,提高算法鲁棒性,本节引入二体模型,作为线性化模型和高精度模型间的过渡模型。三步迭代算法计算过程如下。

1) 线性模型

通过优化目标函数,获得解析初值。目标函数为面内四次横向脉冲变轨量的加权和:

$$J_1 = \sum_{i=1}^{4}w_i \cdot |\Delta v_i^t| \tag{5-70}$$

可通过选取不同权重值 w_i,控制第 i 次横向脉冲量大小。假若某一权重值接近无穷,则对应脉冲量便接近于零。由此可在一定范围内灵活设计变轨脉冲数量,满足不同任务需求。本章依据探月三期交会对接任务需求,选取四次面内变轨与一次面外变轨,实现与目标星的交会。优化过程涉及的自由参数为

$$\boldsymbol{x}_1 = [\Delta t_{0 \to f}, \alpha_1, \alpha_2, \alpha_3, \alpha_4]^{\mathrm{T}} \tag{5-71}$$

式中总交会时间作为自由参数出现,其取值范围由飞船的定轨和控制等任务需求确定。

本节以 J_1 为目标函数,采用 PSODE 粒子群差分进化算法[163-167],求解线性化交会对接方程(5-66)～方程(5-69),获得变轨策略初值。方程(5-66)给出四次横向脉冲量之和与轨道根数差 Δa 间关系。对于指定交会任务,Δa 为常数且必大于零。由此,若求解所得横向脉冲量均大于 0,则解必为全局最优解,并且解不唯一。

2) 二体模型

本节采用 Trust-Region Dogleg 优化算法[156, 168],在二体模型下修正变轨策略初值,获得二体模型下可行解。二体模型与线性模型间积分终端误差可通过下式描述:

$$\Delta J_t = \frac{\sqrt{\Delta r_{tf}^T \cdot \Delta r_{tf}}}{1000} + \sqrt{\Delta v_{tf}^T \cdot \Delta v_{tf}} \qquad (5-72)$$

取位置误差权重为 1000,以此保证优化过程中位置误差与速度误差量级相当,防止大数淹没小数,造成优化的不合理。

将求解线性模型获得的全局最优解作为初值:

$$x_t = \left[\alpha_1, \alpha_2, \alpha_3, \alpha_4, \Delta v_1^t, \Delta v_2^t, \Delta v_3^t, \Delta v_4^t \right]^T \qquad (5-73)$$

以 ΔJ_t 作为目标函数,在二体模型下优化,获得二体模型下可行解。此可行解将作为初值,进一步在高精度模型下修正,获得精确解。线性模型与二体模型间积分终端误差较小,可在数步迭代内消除,具体算例在 5.4 节中给出。

3) 高精度模型

本节引入直接打靶法,来消除高精度模型与二体模型间终端误差,以获得最终交会对接控制策略。如图 5.2 所示,初值修正在二体模型下完成,打靶算法反馈高精度模型下的终端误差。采用二体模型下修正,避免了高精度模型下迭代修正所带来的大量的积分耗时,提高了算法的时效性。本节采用的月球高精度模型包含 8×8 阶月球非球形摄动、地球和太阳三体摄动。第三体位置通过读取 JPL 星历 DE405 获得。

本章中,用下标 g 代表目标终端的相对状态。如图 5.2 所示,若高精度模型下积分终端的位置与速度误差 $\Delta \rho_{pg} = \rho_p - \rho_g = \left[\Delta r_{pg} \quad \Delta v_{pg} \right]^T$ 足够小落在给定小量区间,则迭代收敛。若否,则按如下形式更新位置速度,将其作为二体模型下交会对接终端状态,重新求解控制策略:

$$\rho_{tf} = \rho_{tf} + \Delta \rho_{pg} \qquad (5-74)$$

将获得修正解继续代入高精度模型,评估终端状态误差 $\Delta \rho_{pg}$。随后按图 5.2 所示算法进行状态的再评估与再修正,直至状态误差满足约束,计算终止。

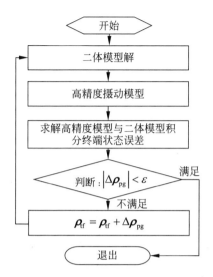

图 5.2　直接打靶法迭代流程示意图

高精度模型下修正算例及修正过程将在下节中给出。

5.4　数值仿真

本节基于高精度模型下的数值仿真算例验证了线性模型与二体模型下解的精确性以及收敛性。表 5.1 给出数值仿真的初始与目标轨道根数和总的交会对接时间。由表可知,初始轨道位于高度为 $15 \times 180 \mathrm{km}$ 的椭圆轨道。目标轨道为 200km 圆轨道。总的交会时间在本章所提算法中,可灵活设计。表中所示参数根据任务需求给定。本章所述数值计算以及修正算法均基于 VC++ 平台展开,所使用的 PC 机配置为 2.5GHz 主频、双核 i5 处理器、4GB 内存和 512GB 固态硬盘。基于此平台,单组算例仿真可在 60s 内计算完毕。算法可很好地满足任务设计以及在测定轨误差情况下的策略再规划需求。

表 5.1　初始与目标轨道的经典轨道根数

	$a(\mathrm{km})$	e	$i(\deg)$	$\Omega(\deg)$	$\omega(\deg)$	$f(\deg)$
初始轨道	1835.70	0.0449	45.519	187.728	105.904	0.0
目标轨道	1937.423	0.000011	45.513	187.720	288.165	344.577
总交会时间（s）				180551.0		

表 5.2 给出线性模型下登月舱变轨策略,总脉冲增量 43.396m/s。通过 4 次面内变轨和一次面外变轨,完成登月舱与轨道舱的交会。以此变轨策略为初值,采用 5.3 节所示算法,在二体模型下进行修正,获得表 5.3 所示变轨策略。总的脉冲增量为 44.563m/s,略大于线性模型下脉冲初值。最后,采用 5.3 节打靶算法,计算获得高精度模型下变轨策略精确解,如表 5.4 所示。总的脉冲增量为 65.849m/s,相比二体模型,高出 47.7%。误差主要源于高精度模型下高阶摄动项引起的轨道面进动。由此,需要消耗额外脉冲量,修正轨道面指向。

表 5.2 线性模型下的变轨策略规划

脉冲		大小(m/s)	时间(s)
Δv_1	横向(第一次)	14.839	3528.8
Δv_2	横向(第二次)	3.564	65123.5
Δv_3	法向	0.232	85921.1
Δv_4	横向(第三次)	13.647	119842.8
Δv_5	横向(第四次)	11.113	142281.6
总脉冲增量 (m/s)		43.396	

表 5.3 二体模型下的变轨策略规划

脉冲		大小(m/s)	时间(s)
Δv_1	横向(第一次)	15.686	3528.8
Δv_2	横向(第二次)	4.0454	65217.8
Δv_3	法向	-0.241	86024.5
Δv_4	横向(第三次)	13.662	120071.7
Δv_5	横向(第四次)	10.927	142564.7
总脉冲增量(m/s)		44.563	

表 5.4 高精度模型下的变轨策略规划

脉冲		大小(m/s)	时间(s)
Δv_1	横向(第一次)	16.179	3528.8
Δv_2	横向(第二次)	2.678	65282.9
Δv_3	法向	21.661	86263.1
Δv_4	横向(第三次)	13.124	120522.8
Δv_5	横向(第四次)	12.206	142302.6
总脉冲增量 (m/s)		65.849	

表 5.5 给出线性模型与二体模型间的积分终端误差以及误差修正过程。如表所示,横向积分误差最大,达到 789.52km,但整个误差修正可在 8 步内收敛。表 5.6 给出二体模型与高精度模型下的积分终端误差与误差修正过程。如表示所示,横向误差依然最大,但仅为 131.87km。整个误差修正可在 10 步内收敛。

表 5.5　线性模型与二体模型间的终端位置和速度误差随迭代次数的变化

迭代	Δr_{tf}^r (m)	Δr_{tf}^t (m)	Δr_{tf}^z (m)	Δv_{tf}^r (m/s)	Δv_{tf}^t (m/s)	Δv_{tf}^z (m/s)
1	-171437.723	789520.886	65.269	-1.402	2.405	0.0236
2	-90131.63	576385.3	-49.571	-0.8204240	2.0266	0.0201
3	-2003.132	81462.065	-7.774	0.0296	0.289	0.00910
4	-34.267	8149.985	-13.713	0.00519	0.0356	0.00530
5	10.149	814.845	-14.287	0.00100	0.0101	0.00490
6	13.066	81.314	-14.344	0.00056	0.00752	0.00486
7	18.139	0.205	-8.185	0.000552	0.00997	0.00351
8	5.369	0.0372	-0.635	0.00052	0.00724	0.00186

表 5.6　二体模型与高精度模型间的终端位置和速度误差随迭代次数的变化

迭代	Δr_{pf}^r (m)	Δr_{pf}^t (m)	Δr_{pf}^z (m)	Δv_{pf}^r (m/s)	Δv_{pf}^t (m/s)	Δv_{pf}^z (m/s)
1	-1067.367	-131876.987	9318.00410	5.876	-6.0349	-14.865
2	4451.848	-65078.0219	3677.566	2.586	-3.241	-8.342
3	3498.122	-30071.280	1455.458	1.830	-1.673	-4.329
4	2048.512	-16764.475	651.202	0.902	-0.882	-2.247
5	1167.788	-10369.0325	327.978	0.453	-0.5208	-1.141
6	734.0103	-1330.439	98.969	0.221	-0.45622	-0.582
7	84.29697	-824.823	19.379	-0.0477	-0.08671	-0.0505
8	40.123	105.514	18.294	0.00860	-0.0571	-0.00071
9	14.534	-17.794	1.569	-0.00609	-0.0182	0.000624
10	3.428	-8.672	0.178	-0.00137	-0.0053	0.000107

图 5.3 给出高精度模型下登月舱交会转移轨迹仿真示意图。图中轨迹在月球赤道惯性坐标系中给出。由图可知,四次面内变轨均发生在转移轨道的近月点或远月点。其中第二次变轨发生在转移轨道近月点,其余几次面内变轨均发生在转移轨道远月点。

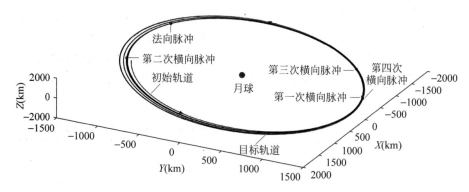

图 5.3　交会对接登月舱控制策略仿真图

图 5.4～图 5.8 给出高精度模型下追踪星与目标星间的轨道根数差随时间的演化。由图 5.4 可知,经四次面内变轨,半长轴差由初始的 101.7km 减小到最终的 1.422m。由图 5.5 可知,经前两次面内变轨,偏心率差先减小后略有增加。这主要是由于第二次面内变轨发射在近月点,致使轨道椭圆化引起。经随后两次面内变轨,偏心率差最终减小到可忽略不计的 1.4×10^{-5}。图 5.6 和图 5.7 给出轨道面方位变化示意图。由图可知,经第三次面外变轨调整,轨道面方位产生不连续机动,并经连续演化,使交会时刻轨道倾角与 RAAN 间误差接近于 0。由图可知,面内变轨不引起面外参数轨道倾角与 RAAN 的变化。图 5.8 给出相位演化示意图。由图可知,面内与面外变轨均不引起相位差变化,相位差在给定时间内做周期性变化,并在交会时刻达到目标值 360deg。

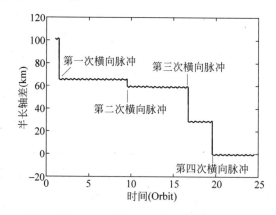

图 5.4　从星与主星的半长轴差随时间的变化

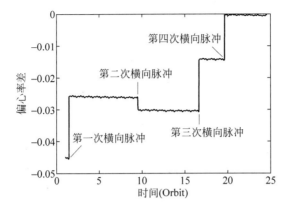

图 5.5　从星与主星的偏心率差随时间的变化

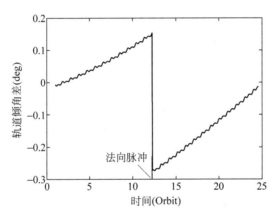

图 5.6　从星与主星的轨道倾角差随时间的变化

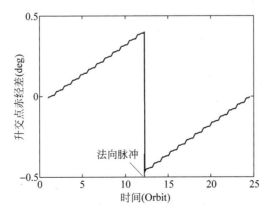

图 5.7　从星与主星的升交点赤经角差随时间的变化

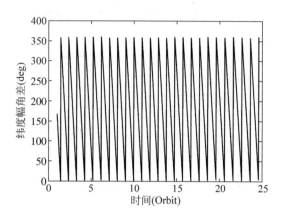

图 5.8　从星与主星的纬度幅角差随时间的变化

　　本章采用遗传算法验算高精度模型下变轨策略的最优性。遗传算法基于达尔文生物进化理论,为非梯度算法,适用于求解全局最优解[169,170]。其算法针对脉冲变轨求解的有效性已经大量文献验证[171-173]。表 5.7 给出高精度模型下遗传算法最优解,总脉冲增量为 64.795m/s。与表 5.4 对比可知,两者间不论变轨脉冲量或变轨时间,差别均非常小,有效地验证了本章所提算法的最优性。与本章所提三步迭代算法不同,遗传算法求解需要消耗大量时间。基于 Matlab 求解单组算例,需要耗时 1day 以上,故不适用于星载计算。

表 5.7　高精度模型下采用遗传算法所求变轨策略

脉冲		大小(m/s)	时间(s)
Δv_1	横向 法向	16.112 0.0177	3528.9
Δv_2	横向 法向	2.748 −0.0205	65282.9
Δv_3	横向 法向	0.125 20.478	86263.2
Δv_4	横向 法向	13.16 0.127	120522.8
Δv_5	横向 法向	12.291 0.0919	142302.6
总脉冲增量(m/s)		64.795	

5.5　本　章　小　结

本章建立了多脉冲月球着陆器自主交会对接控制算法。该算法可灵活设计脉冲数量、脉冲作用时刻以及交会时间。研究表明,线性模型下面内外交会对接方程相互独立。若求解所得横向脉冲量均大于零,则解必为全局最优解,并且解不唯一。面外位置与速度误差量可通过一次法向脉冲消除,脉冲大小由面外误差量唯一确定。为获得高精度模型下精确解,本章提出三步迭代算法,由线性模型逐步过渡到高精度模型。为减小模型间误差以及提高算法收敛性,我们引入二体模型,作为线性化模型和高精度模型间的过渡。计算表明,线性模型与二体模型间解差别较小,积分终端误差可在 8 步迭代内消除。二体模型与高精度模型间解差别较大,主要体现在法向脉冲量。相比二体模型,总脉冲量高出 47.7%。误差主要源于高精度模型下高阶摄动项引起的轨道面进动。由此,需要消耗额外脉冲量,修正轨道面指向。高精度模型下积分终端误差可在 10 步迭代内消除。高精度模型下横向脉冲均发生在转移轨道的近月点或远月点附近。面内变轨不引起面外参数轨道倾角与升交点赤经的变化。本章通过遗传算法验证了高精度模型下解的全局最优性。研究表明,高精度模型解与遗传算法最优解非常接近,表现出很好的最优特性。

第6章　考虑 J_2 摄动月球附近交会对接局部最优控制

6.1　引　　言

本文第5章基于C-W方程,推导建立了线性化交会对接方程组。通过数值求解,获得了线性模型下最优控制策略。与更高精度模型相比,变轨误差主要出现在法向,且量级较大。造成误差原因,主要在于线性化与忽略高阶摄动所带来的模型误差。长时间轨道演化,造成相对运动预报失真,引起机动脉冲序列规划失准。后期更高精度模型下的逐级修正,又不可避免地造成计算时间的浪费,导致星载计算负荷的增加。

月球前几阶非球形摄动量级分别为:$J_2=2.03354\times10^{-4}$,$J_3=8.47453\times10^{-6}$,$J_4=-9.64229\times10^{-6}$ 和 $C_{22}=2.24051\times10^{-5}$[174]。尽管月球 J_2 摄动不如地球般显著,但仍量级较大且高出其他非球形摄动一个数量级以上,对模型精度保持已至关重要。第5章C-W和二体模型下法向变轨误差产生主要原因,便在于对 J_2 摄动的忽略。

J_2 摄动可引起节线的进动,造成轨道面的转动,由此显著影响法向变轨量的大小。如何构造考虑 J_2 摄动的交会对接控制模型,并兼顾解析、时间以及燃料最优特性,便成为摆在学术研究面前的一个难题。尽管 Karlgard[123] 和 Sengupta[175] 提出 J_2 以及高阶摄动模型下航天器相对运动方程,但由于周期摄动项的存在,相对运动状态预报仍依赖于数值积分,造成计算时间的消耗。Gim 和 Alfriend[129] 于 2004 年提出包含 J_2 摄动项的状态转移矩阵 GA-STM。GA-STM 完全解析,适用于参考轨道为椭圆轨道的相对运动演化。推导过程中引入 LVLH 曲线坐标系,完成相对状态与轨道根数差之间转换,以减小参数线性化所引起的误差。但考虑 J_2 摄动所带来的短周期与长周期项,构成了 GA-STM 形式上的复杂。为更好地适用于星载计算,需对 GA-STM 做出了进一步简化。考虑到交会对接目标轨道为近圆轨道,由此可忽略 GA-STM 中的 $O(eJ_2)$ 项,仅保留 $O(e)$ 项,推出最终简化后 GA-STM(SGA-STM)[130]。

本章采用 SGA-STM 完成 J_2 摄动下月球附近交会对接控制方程的解析构建,合理避开了数值积分,并解析推导了目标函数以及约束的解析梯度,构建了全解析 KT 方程,实现局部最优控制策略的解析求解,有效地减少了数值计算时间。算法可更好地适用于星载平台的实时计算以及任务的规划和分析。6.2 节简要描述相对运动状态转移矩阵构建形式与思路。6.3 节求解出机动策略优化所需的解析梯度。6.4 节进行数值仿真。首先在高精度模型下验证了 SGA-STM 精度。然后求解 KT 方程,获得 J_2 摄动模型下局部最优控制策略,并在高精度有限推力模型下,验证了脉冲-推力近似解的精度。最后分析了交会对接轨迹演化与相对根数的变化趋势。

6.2　受摄相对运动状态转移矩阵

如上所述,为减小参数线性化所引起的轨道积分误差,采用 LVLH 曲线坐标系来描述卫星的相对位置矢量。其中,第一个坐标轴为主星和从星的径向位置差,第二个和第三个坐标轴分别表示参考圆轨道平面沿虚构圆轨道的曲线距离和参考圆轨道面的法向。在 LVLH 曲线坐标系中,从星位置和速度矢量为

$$\boldsymbol{x} = (x \quad y \quad z \quad \dot{x} \quad \dot{y} \quad \dot{z})^{\mathrm{T}} \tag{6-1}$$

为避免轨道根数奇异,主星参考轨道用非奇异轨道根数描述,即

$$\boldsymbol{e} = (a \quad \theta \quad i \quad q_1 \quad q_2 \quad \Omega)^{\mathrm{T}} \tag{6-2}$$

其中

$$q_1 = e\cos\omega, \quad q_2 = e\sin\omega \tag{6-3}$$

J_2 摄动下从星相对运动的状态转移方程为

$$\boldsymbol{x}(t) = \boldsymbol{\Phi}_{J_2}(t, t_0) \boldsymbol{x}(t_0) \tag{6-4}$$

其中

$$\boldsymbol{\Phi}_{J_2}(t, t_0) = \boldsymbol{\Sigma}(t) \boldsymbol{D}(t) \bar{\boldsymbol{\Phi}}_{\mathrm{e}}(t, t_0) \boldsymbol{D}^{-1}(t_0) \boldsymbol{\Sigma}^{-1}(t_0) \tag{6-5}$$

为简化的 Gim-Alfriend 状态转移矩阵 SGA-STM,可用于描述 J_2 摄动下参考轨道为近圆轨道的相对运动演化。$\boldsymbol{\Sigma}(t)$ 为瞬时轨道根数差到瞬时相对位置速度的几何转换矩阵。$\boldsymbol{D}(t)$ 和 $\bar{\boldsymbol{\Phi}}_{\mathrm{e}}(t, t_0)$ 分别为

$$\boldsymbol{D}(t) = \frac{\partial \boldsymbol{e}_{\mathrm{osc}}(t)}{\partial \boldsymbol{e}_{\mathrm{mean}}(t)} \tag{6-6}$$

$$\bar{\boldsymbol{\Phi}}_{\mathrm{e}}(t, t_0) = \frac{\partial \boldsymbol{e}_{\mathrm{mean}}(t)}{\partial \boldsymbol{e}_{\mathrm{mean}}(t_0)} \tag{6-7}$$

其中，$\boldsymbol{D}(t)$ 为平根到瞬根的状态转换矩阵，$\boldsymbol{\varPhi}_\mathrm{e}(t,t_0)$ 为平均相对轨道根数的状态转移矩阵。此类转换矩阵均是由忽略 Gim-Alfriend 状态转移矩阵中的 $O(eJ_2)$ 项获得。具体形式已在附录 B 中给出。

本章所研究的月球着陆器和轨道器的初始轨道均为近圆轨道，交会对接假设采用 n 脉冲方案。基于 SGA-STM，J_2 摄动下着陆器交会对接方程可表述为

$$\boldsymbol{x}_\mathrm{f} = \boldsymbol{\varPhi}(t_\mathrm{f},t_0)\boldsymbol{x}_0 + \sum_{i=1}^{n} \boldsymbol{\varPhi}(t_\mathrm{f},t_i) \begin{bmatrix} 0 & 0 & 0 & \Delta v_i^r & \Delta v_i^t & \Delta v_i^\xi \end{bmatrix}^\mathrm{T} \quad (6\text{-}8)$$

其中 $\boldsymbol{x}_0$ 和 $\boldsymbol{x}_\mathrm{f}$ 分别为着陆器的初始和终端状态，Δv_i^r、Δv_i^t 和 Δv_i^ξ 分别为 LVLH 坐标系下的切向、横向和法向脉冲分量。为简化起见，在本章后续推导中，由 $\boldsymbol{\varPhi}(t,t_0)$ 表示 SGA-STM。$\boldsymbol{\varPhi}(t,t_0)$ 为考虑 J_2 摄动下的状态转移矩阵，不可避免的包含了由高阶摄动项所引起的短周期项与长周期项，构成了交会对接方程(6-8)在形式上的复杂，并且衍生出大量的非线性项，导致方程本身的不可解析求解。因此，在后续计算中，采用了梯度迭代优化算法，来获得所需的最佳控制策略。

6.3　交会对接变轨策略优化

交会对接变轨策略优化的目的在于确定着陆器和轨道器交会对接的最佳变轨策略，使得燃料消耗达到最小。为方便交会控制策略特性的解析分析和加快实时求解速度，下述计算中将基于状态转移矩阵 $\boldsymbol{\varPhi}(t,t_0)$ 完成目标函数和约束相对自由参数的解析梯度的推导。

6.3.1　目标函数与约束

在交会对接变轨策略优化问题中，设置目标函数为 n 次脉冲变轨速度增量之和。本章讨论使用 5 次脉冲实现着陆器与轨道器的远程交会。5 次脉冲均为矢量，涉及的自由参数为脉冲矢量的大小、方向和脉冲作用时刻 5 个参数。目标函数定义为

$$J = \sum_{i=1}^{5} |\Delta \boldsymbol{v}_i| \quad (6\text{-}9)$$

优化过程涉及的自由参数为 5 次脉冲矢量和总的交会时间

$$\boldsymbol{y}_\mathrm{p} = \begin{bmatrix} t_\mathrm{f} & t_1 & t_2 & t_3 & t_4 & t_5 & \Delta v_1^T & \Delta \boldsymbol{v}_2^T & \Delta \boldsymbol{v}_3^T & \Delta \boldsymbol{v}_4^T & \Delta \boldsymbol{v}_5^T \end{bmatrix}_{1\times 21}^\mathrm{T}$$

$$(6\text{-}10)$$

式中 t_f 为交会终端时刻, t_i 为第 i 次脉冲作用时刻, Δv_i 为第 i 次脉冲矢量。优化过程涉及的等式约束为

$$c = \left[(r(t_f) - r)^{\mathrm{T}} \quad (v(t_f) - v)^{\mathrm{T}} \right]_{1 \times 6}^{\mathrm{T}} = \mathbf{0} \qquad (6\text{-}11)$$

式中 $r(t_f)$ 和 $v(t_f)$ 为终端时刻着陆器的位置和速度矢量, r 和 v 为交会终端时刻的目标位置和速度矢量,即该时刻轨道器的位置和速度矢量。总交会时间作为自由参数,可极大地降低策略优化难度,保证终端等式约束条件的满足。优化过程涉及的不等式约束为

$$d = \left[t_f - t_{\mathrm{MIN}} \quad t_1 \quad t_2 - t_1 \quad t_3 - t_2 \quad t_4 - t_3 \quad t_5 - t_4 \right]_{1 \times 6}^{\mathrm{T}} \geqslant 0$$

$$(6\text{-}12)$$

其中 t_{MIN} 为最短交会时间,由地面测控站轨道预报、指令上注、着陆器变轨策略规划和轨道机动所需的最短操控时间确定。不等式约束中的其他约束是为保证轨道机动过程中变轨次序的时间逻辑性。

6.3.2　解析梯度推导

利用状态转移矩阵,可解析推导交会对接目标函数、过程和终端约束相对自由参数的解析梯度。图 6.1 给出了着陆器从初始状态到终端状态的轨道机动示意图。图中 5 次变轨所对应的 5 个不连续的相对状态完整描绘了 6 段速度不连续弹道轨迹。Δx_i 表示 t_i 时刻相对状态的变化, x_0 表示着陆器的初始状态。

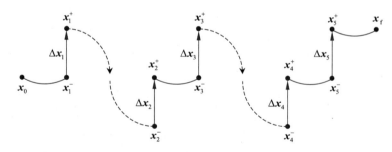

图 6.1　轨道机动示意图

着陆器在 t_1^+ 时刻的相对状态为

$$x_1^+ = x_1^- + \Delta x_1 \qquad (6\text{-}13)$$

式中 x_1^+ 与 x_1^- 表示第一次变轨脉冲之前和之后的相对状态。对(6-13)取微分可得

$$\mathrm{d}x_1^+ = \mathrm{d}x_1^- + \mathrm{d}(\Delta x_1) \qquad (6\text{-}14)$$

引入式(6-4)，可得式(6-14)的全微分表达式：

$$\mathrm{d}\boldsymbol{x}_1^+ = \delta\boldsymbol{x}_1^- + \dot{\boldsymbol{x}}_1^- \mathrm{d}t_1 + \mathrm{d}(\Delta\boldsymbol{x}_1)$$

$$= \boldsymbol{\Phi}(t_1^-, t_0^+)\delta\boldsymbol{x}_0 + \dot{\boldsymbol{x}}_1^- \mathrm{d}t_1 + \mathrm{d}(\Delta\boldsymbol{x}_1) \tag{6-15}$$

$\delta\boldsymbol{x}$ 为相对转态的扰动量。式(6-15)还可进一步整理为

$$\mathrm{d}\boldsymbol{x}_1^+ = \boldsymbol{\Phi}(t_1, t_0)(\mathrm{d}\boldsymbol{x}_0 - \dot{\boldsymbol{x}}_0 \mathrm{d}t_0) + \dot{\boldsymbol{x}}_1^- \mathrm{d}t_1 + \mathrm{d}(\Delta\boldsymbol{x}_1) \tag{6-16}$$

其中

$$\boldsymbol{\Phi}(t_i, t_{i-1}) \equiv \boldsymbol{\Phi}(t_i^-, t_{i-1}^+) \tag{6-17}$$

同理可得

$$\mathrm{d}\boldsymbol{x}_2^+ = \mathrm{d}\boldsymbol{x}_2^- + \mathrm{d}(\Delta\boldsymbol{x}_2) \tag{6-18}$$

全微分形式为

$$\mathrm{d}\boldsymbol{x}_2^+ = \delta\boldsymbol{x}_2^- + \dot{\boldsymbol{x}}_2^- \mathrm{d}t_2 + \mathrm{d}(\Delta\boldsymbol{x}_2)$$

$$= \boldsymbol{\Phi}(t_2, t_1)\delta\boldsymbol{x}_1^+ + \dot{\boldsymbol{x}}_2^- \mathrm{d}t_2 + \mathrm{d}(\Delta\boldsymbol{x}_2) \tag{6-19}$$

将 $\delta\boldsymbol{x}_1^+$ 代入式(6-19)可得

$$\mathrm{d}\boldsymbol{x}_2^+ = \boldsymbol{\Phi}(t_2, t_1)(\mathrm{d}\boldsymbol{x}_1^+ - \dot{\boldsymbol{x}}_1^+ \mathrm{d}t_1) + \dot{\boldsymbol{x}}_2^- \mathrm{d}t_2 + \mathrm{d}(\Delta\boldsymbol{x}_2) \tag{6-20}$$

引入表达式(6-15)，方程(6-20)可以表述为

$$\mathrm{d}\boldsymbol{x}_2^+ = \boldsymbol{\Phi}(t_2, t_1)\{\boldsymbol{\Phi}(t_1, t_0)(\mathrm{d}\boldsymbol{x}_0 - \dot{\boldsymbol{x}}_0 \mathrm{d}t_0) +$$

$$\mathrm{d}(\Delta\boldsymbol{x}_1) - \Delta\dot{\boldsymbol{x}}_1 \mathrm{d}t_1\} + \dot{\boldsymbol{x}}_2^- \mathrm{d}t_2 + \mathrm{d}(\Delta\boldsymbol{x}_2) \tag{6-21}$$

其中

$$\Delta\dot{\boldsymbol{x}}_i \equiv \dot{\boldsymbol{x}}_i^+ - \dot{\boldsymbol{x}}_i^- \tag{6-22}$$

将方程(6-21)进一步简化，得

$$\mathrm{d}\boldsymbol{x}_2^+ = \boldsymbol{\Phi}(t_2, t_1)\boldsymbol{\Phi}(t_1, t_0)(\mathrm{d}\boldsymbol{x}_0 - \dot{\boldsymbol{x}}_0 \mathrm{d}t_0) +$$

$$\boldsymbol{\Phi}(t_2, t_1)[\mathrm{d}(\Delta\boldsymbol{x}_1) - \Delta\dot{\boldsymbol{x}}_1 \mathrm{d}t_1] + \dot{\boldsymbol{x}}_2^- \mathrm{d}t_2 + \mathrm{d}(\Delta\boldsymbol{x}_2) \tag{6-23}$$

通过上述同样的推导步骤，可得

$$\mathrm{d}\boldsymbol{x}_3^+ = \boldsymbol{\Phi}(t_3, t_2)\boldsymbol{\Phi}(t_2, t_1)\boldsymbol{\Phi}(t_1, t_0)(\mathrm{d}\boldsymbol{x}_0 - \dot{\boldsymbol{x}}_0 \mathrm{d}t_0) +$$

$$\boldsymbol{\Phi}(t_3, t_2)\boldsymbol{\Phi}(t_2, t_1)[\mathrm{d}(\Delta\boldsymbol{x}_1) - \Delta\dot{\boldsymbol{x}}_1 \mathrm{d}t_1] +$$

$$\boldsymbol{\Phi}(t_3, t_2)[\mathrm{d}(\Delta\boldsymbol{x}_2) - \Delta\dot{\boldsymbol{x}}_2 \mathrm{d}t_2] + \dot{\boldsymbol{x}}_3^- \mathrm{d}t_3 + \mathrm{d}(\Delta\boldsymbol{x}_3) \tag{6-24}$$

由此，通过递推算法，可获得关于相对状态 $\boldsymbol{x}_n^+$ 的全微分的一般表达式：

$$\mathrm{d}\boldsymbol{x}_n^+ = \prod_{i=0}^{n-1} \boldsymbol{\Phi}(t_{n-i}, t_{n-i-1})(\mathrm{d}\boldsymbol{x}_0 - \dot{\boldsymbol{x}}_0 \mathrm{d}t_0) +$$

$$\sum_{i=1}^{n-1} \left\{ \prod_{j=0}^{n-i-1} \boldsymbol{\Phi}(t_{n-j}, t_{n-j-1})[\mathrm{d}(\Delta\boldsymbol{x}_i) - \Delta\dot{\boldsymbol{x}}_i \mathrm{d}t_i] \right\} + \dot{\boldsymbol{x}}_n^- \mathrm{d}t_n + \mathrm{d}(\Delta\boldsymbol{x}_n) \tag{6-25}$$

其中 $n > 0$。

由此,交会终端相对状态全微可表示为

$$\mathrm{d}\boldsymbol{x}_{\mathrm{f}} = \delta\boldsymbol{x}_{\mathrm{f}} + \dot{\boldsymbol{x}}_{\mathrm{f}}\mathrm{d}t_{\mathrm{f}} = \boldsymbol{\Phi}(t_{\mathrm{f}},t_5)\big[\mathrm{d}\boldsymbol{x}_5^+ - \dot{\boldsymbol{x}}_5^+\mathrm{d}t_5\big] + \dot{\boldsymbol{x}}_{\mathrm{f}}\mathrm{d}t_{\mathrm{f}} \qquad (6\text{-}26)$$

通过一般表达式(6-25),求取 $\mathrm{d}\boldsymbol{x}_5^+$,并将其代入(6-26),可得

$$\begin{aligned}
\mathrm{d}\boldsymbol{x}_{\mathrm{f}} = \;& \boldsymbol{\Phi}(t_{\mathrm{f}},t_5)\boldsymbol{\Phi}(t_5,t_4)\boldsymbol{\Phi}(t_4,t_3)\boldsymbol{\Phi}(t_3,t_2)\boldsymbol{\Phi}(t_2,t_1)\boldsymbol{\Phi}(t_1,t_0)\big[\mathrm{d}\boldsymbol{x}_0 - \dot{\boldsymbol{x}}_0\mathrm{d}t_0\big] + \\
& \boldsymbol{\Phi}(t_{\mathrm{f}},t_5)\boldsymbol{\Phi}(t_5,t_4)\boldsymbol{\Phi}(t_4,t_3)\boldsymbol{\Phi}(t_3,t_2)\boldsymbol{\Phi}(t_2,t_1)\big[\mathrm{d}(\Delta\boldsymbol{x}_1) - \Delta\dot{\boldsymbol{x}}_1\mathrm{d}t_1\big] + \\
& \boldsymbol{\Phi}(t_{\mathrm{f}},t_5)\boldsymbol{\Phi}(t_5,t_4)\boldsymbol{\Phi}(t_4,t_3)\boldsymbol{\Phi}(t_3,t_2)\big[\mathrm{d}(\Delta\boldsymbol{x}_2) - \Delta\dot{\boldsymbol{x}}_2\mathrm{d}t_2\big] + \\
& \boldsymbol{\Phi}(t_{\mathrm{f}},t_5)\boldsymbol{\Phi}(t_5,t_4)\boldsymbol{\Phi}(t_4,t_3)\big[\mathrm{d}(\Delta\boldsymbol{x}_3) - \Delta\dot{\boldsymbol{x}}_3\mathrm{d}t_3\big] + \\
& \boldsymbol{\Phi}(t_{\mathrm{f}},t_5)\boldsymbol{\Phi}(t_5,t_4)\big[\mathrm{d}(\Delta\boldsymbol{x}_4) - \Delta\dot{\boldsymbol{x}}_4\mathrm{d}t_4\big] + \\
& \boldsymbol{\Phi}(t_{\mathrm{f}},t_5)\big[\mathrm{d}(\Delta\boldsymbol{x}_5) - \Delta\dot{\boldsymbol{x}}_5\mathrm{d}t_5\big] + \dot{\boldsymbol{x}}_{\mathrm{f}}\mathrm{d}t_{\mathrm{f}} \qquad (6\text{-}27)
\end{aligned}$$

至此,获得了终端相对状态的全微分表达式。由上述表达式可得终端等式约束相对脉冲作用时刻的解析梯度:

$$\frac{\partial\boldsymbol{x}_{\mathrm{f}}}{\partial t_0} = -\boldsymbol{\Phi}(t_{\mathrm{f}},t_5)\boldsymbol{\Phi}(t_5,t_4)\boldsymbol{\Phi}(t_4,t_3)\boldsymbol{\Phi}(t_3,t_2)\boldsymbol{\Phi}(t_2,t_1)\boldsymbol{\Phi}(t_1,t_0)\dot{\boldsymbol{x}}_0$$

$$(6\text{-}28)$$

分析上述梯度表达式可知,终端状态相对脉冲作用时刻 t_i 的解析梯度恰好等于式(6-27)中 $\mathrm{d}t_i$ 的系数。上式中 t_i 时刻的状态转移矩阵可由 J_2 摄动下相对平均轨道根数的变化求得,具体细节参考文献[129]。

6.3.3　目标函数与过程以及终端约束梯度

目标函数相对自由参数梯度为

$$\frac{\mathrm{d}J}{\mathrm{d}\boldsymbol{y}_{\mathrm{p}}} =$$

$$\begin{bmatrix} \dfrac{\partial J}{\partial t_{\mathrm{f}}} & \dfrac{\partial J}{\partial t_1} & \dfrac{\partial J}{\partial t_2} & \dfrac{\partial J}{\partial t_3} & \dfrac{\partial J}{\partial t_4} & \dfrac{\partial J}{\partial t_5} & \dfrac{\partial J}{\partial \Delta\boldsymbol{v}_1} & \dfrac{\partial J}{\partial \Delta\boldsymbol{v}_2} & \dfrac{\partial J}{\partial \Delta\boldsymbol{v}_3} & \dfrac{\partial J}{\partial \Delta\boldsymbol{v}_4} & \dfrac{\partial J}{\partial \Delta\boldsymbol{v}_5} \end{bmatrix}^{\mathrm{T}}_{1\times21}$$

$$(6\text{-}29)$$

优化过程涉及的目标函数为脉冲大小之和,并不包含时间,因此对脉冲作用时刻的偏导数为零。由此可将式(6-29)进行进一步的简化:

$$\frac{\mathrm{d}J}{\mathrm{d}\boldsymbol{y}_{\mathrm{p}}} = \begin{bmatrix} 0 & 0 & 0 & 0 & 0 & 0 & \Delta\hat{\boldsymbol{v}}_1 & \Delta\hat{\boldsymbol{v}}_2 & \Delta\hat{\boldsymbol{v}}_3 & \Delta\hat{\boldsymbol{v}}_4 & \Delta\hat{\boldsymbol{v}}_5 \end{bmatrix}^{\mathrm{T}}_{1\times21}$$

$$(6\text{-}30)$$

其中

$$\Delta\hat{\boldsymbol{v}}_i = \frac{\Delta\boldsymbol{v}_i}{\|\Delta\boldsymbol{v}_1\|} \qquad (6\text{-}31)$$

终端等式约束 c 相对自由参数 $\boldsymbol{y}_{\mathrm{p}}$ 的解析梯度为

$$\frac{\mathrm{d}\boldsymbol{c}}{\mathrm{d}\boldsymbol{y}_\mathrm{p}} = \left[\frac{\partial \boldsymbol{x}(t_\mathrm{f})}{\partial t_\mathrm{f}} \quad \frac{\partial \boldsymbol{x}(t_\mathrm{f})}{\partial t_1} \quad \frac{\partial \boldsymbol{x}(t_\mathrm{f})}{\partial t_2} \quad \frac{\partial \boldsymbol{x}(t_\mathrm{f})}{\partial t_3} \quad \frac{\partial \boldsymbol{x}(t_\mathrm{f})}{\partial t_4} \quad \frac{\partial \boldsymbol{x}(t_\mathrm{f})}{\partial t_5} \right.$$

$$\left. \frac{\partial \boldsymbol{x}(t_\mathrm{f})}{\partial \Delta \boldsymbol{v}_1} \quad \frac{\partial \boldsymbol{x}(t_\mathrm{f})}{\partial \Delta \boldsymbol{v}_2} \quad \frac{\partial \boldsymbol{x}(t_\mathrm{f})}{\partial \Delta \boldsymbol{v}_3} \quad \frac{\partial \boldsymbol{x}(t_\mathrm{f})}{\partial \Delta \boldsymbol{v}_4} \quad \frac{\partial \boldsymbol{x}(t_\mathrm{f})}{\partial \Delta \boldsymbol{v}_5} \right]_{6 \times 21} \tag{6-32}$$

将式(6-27)代入上述表达式,可得

$$\frac{\partial \boldsymbol{x}(t_\mathrm{f})}{\partial t_\mathrm{f}} = \dot{\boldsymbol{x}}_\mathrm{f} \tag{6-33}$$

$$\frac{\partial \boldsymbol{x}(t_\mathrm{f})}{\partial t_1} = -\boldsymbol{\Phi}(t_\mathrm{f},t_5)\boldsymbol{\Phi}(t_5,t_4)\boldsymbol{\Phi}(t_4,t_3)\boldsymbol{\Phi}(t_3,t_2)\boldsymbol{\Phi}(t_2,t_1)\Delta\dot{\boldsymbol{x}}_1 \tag{6-34}$$

$$\frac{\partial \boldsymbol{x}(t_\mathrm{f})}{\partial t_2} = -\boldsymbol{\Phi}(t_\mathrm{f},t_5)\boldsymbol{\Phi}(t_5,t_4)\boldsymbol{\Phi}(t_4,t_3)\boldsymbol{\Phi}(t_3,t_2)\Delta\dot{\boldsymbol{x}}_2 \tag{6-35}$$

$$\frac{\partial \boldsymbol{x}(t_\mathrm{f})}{\partial t_3} = -\boldsymbol{\Phi}(t_\mathrm{f},t_5)\boldsymbol{\Phi}(t_5,t_4)\boldsymbol{\Phi}(t_4,t_3)\Delta\dot{\boldsymbol{x}}_3 \tag{6-36}$$

$$\frac{\partial \boldsymbol{x}(t_\mathrm{f})}{\partial t_4} = -\boldsymbol{\Phi}(t_\mathrm{f},t_5)\boldsymbol{\Phi}(t_5,t_4)\Delta\dot{\boldsymbol{x}}_4 \tag{6-37}$$

$$\frac{\partial \boldsymbol{x}(t_\mathrm{f})}{\partial t_5} = -\boldsymbol{\Phi}(t_\mathrm{f},t_5)\Delta\dot{\boldsymbol{x}}_5 \tag{6-38}$$

$$\frac{\partial \boldsymbol{x}(t_\mathrm{f})}{\partial \Delta \boldsymbol{v}_1} = \boldsymbol{\Phi}(t_\mathrm{f},t_5)\boldsymbol{\Phi}(t_5,t_4)\boldsymbol{\Phi}(t_4,t_3)\boldsymbol{\Phi}(t_3,t_2)\boldsymbol{\Phi}(t_2,t_1) \tag{6-39}$$

$$\frac{\partial \boldsymbol{x}(t_\mathrm{f})}{\partial \Delta \boldsymbol{v}_2} = \boldsymbol{\Phi}(t_\mathrm{f},t_5)\boldsymbol{\Phi}(t_5,t_4)\boldsymbol{\Phi}(t_4,t_3)\boldsymbol{\Phi}(t_3,t_2) \tag{6-40}$$

$$\frac{\partial \boldsymbol{x}(t_\mathrm{f})}{\partial \Delta \boldsymbol{v}_3} = \boldsymbol{\Phi}(t_\mathrm{f},t_5)\boldsymbol{\Phi}(t_5,t_4)\boldsymbol{\Phi}(t_4,t_3) \tag{6-41}$$

$$\frac{\partial \boldsymbol{x}(t_\mathrm{f})}{\partial \Delta \boldsymbol{v}_4} = \boldsymbol{\Phi}(t_\mathrm{f},t_5)\boldsymbol{\Phi}(t_5,t_4) \tag{6-42}$$

$$\frac{\partial \boldsymbol{x}(t_\mathrm{f})}{\partial \Delta \boldsymbol{v}_5} = \boldsymbol{\Phi}(t_\mathrm{f},t_5) \tag{6-43}$$

交会对接过程不等式约束 $\boldsymbol{d}$ 相对自由参数 $\boldsymbol{y}_p$ 的解析梯度为

$$\frac{\mathrm{d}\boldsymbol{d}}{\mathrm{d}\boldsymbol{y}_\mathrm{p}} =$$

$$\left[\frac{\partial (t_\mathrm{f} - t_{\mathrm{MIN}})}{\partial \boldsymbol{y}_\mathrm{p}} \quad \frac{\partial t_1}{\partial \boldsymbol{y}_\mathrm{p}} \quad \frac{\partial (t_2 - t_1)}{\partial \boldsymbol{y}_\mathrm{p}} \quad \frac{\partial (t_3 - t_2)}{\partial \boldsymbol{y}_\mathrm{p}} \quad \frac{\partial (t_4 - t_3)}{\partial \boldsymbol{y}_\mathrm{p}} \quad \frac{\partial (t_5 - t_4)}{\partial \boldsymbol{y}_\mathrm{p}} \right]_{21 \times 6}^{\mathrm{T}}$$

$$\tag{6-44}$$

对其中每一项进行展开,可得

$$\frac{\partial (t_\mathrm{f} - t_{\mathrm{MIN}})}{\partial \boldsymbol{y}_\mathrm{p}} = \frac{\partial t_\mathrm{f}}{\partial \boldsymbol{y}_\mathrm{p}} = \begin{bmatrix} 1 & 0 & 0 & 0 & 0 & 0 & \boldsymbol{0}^\mathrm{T} & \boldsymbol{0}^\mathrm{T} & \boldsymbol{0}^\mathrm{T} & \boldsymbol{0}^\mathrm{T} & \boldsymbol{0}^\mathrm{T} \end{bmatrix} \tag{6-45}$$

$$\frac{\partial t_1}{\partial \boldsymbol{y}_\mathrm{p}} = \begin{bmatrix} 0 & 1 & 0 & 0 & 0 & 0 & \boldsymbol{0}^\mathrm{T} & \boldsymbol{0}^\mathrm{T} & \boldsymbol{0}^\mathrm{T} & \boldsymbol{0}^\mathrm{T} & \boldsymbol{0}^\mathrm{T} \end{bmatrix} \tag{6-46}$$

$$\frac{\partial(t_2 - t_1)}{\partial \boldsymbol{y}_p} = \begin{bmatrix} 0 & -1 & 1 & 0 & 0 & 0 & \boldsymbol{0}^T & \boldsymbol{0}^T & \boldsymbol{0}^T & \boldsymbol{0}^T & \boldsymbol{0}^T \end{bmatrix} \quad (6\text{-}47)$$

$$\frac{\partial(t_3 - t_2)}{\partial \boldsymbol{y}_p} = \begin{bmatrix} 0 & 0 & -1 & 1 & 0 & 0 & \boldsymbol{0}^T & \boldsymbol{0}^T & \boldsymbol{0}^T & \boldsymbol{0}^T & \boldsymbol{0}^T \end{bmatrix} \quad (6\text{-}48)$$

$$\frac{\partial(t_4 - t_3)}{\partial \boldsymbol{y}_p} = \begin{bmatrix} 0 & 0 & 0 & -1 & 1 & 0 & \boldsymbol{0}^T & \boldsymbol{0}^T & \boldsymbol{0}^T & \boldsymbol{0}^T & \boldsymbol{0}^T \end{bmatrix} \quad (6\text{-}49)$$

$$\frac{\partial(t_5 - t_4)}{\partial \boldsymbol{y}_p} = \begin{bmatrix} 0 & 0 & 0 & 0 & -1 & 1 & \boldsymbol{0}^T & \boldsymbol{0}^T & \boldsymbol{0}^T & \boldsymbol{0}^T & \boldsymbol{0}^T \end{bmatrix} \quad (6\text{-}50)$$

利用上述求得的目标函数、交会过程和终端约束相对自由参数的解析梯度,完成 KT 方程构建。调用 Trust-Region Dogleg Method 梯度算法,优化自由参数 $\boldsymbol{y}_p$,获得满足等式和不等书约束的最佳变轨策略,并使得目标函数达到局部最优。下面用数值仿真验证了算法的有效性与精确性。

6.4　数值仿真算例

6.4.1　简化的 Gim-Alfriend 状态转移矩阵精度

模型的精度决定了控制策略的精度,因此首先对 SGA-STM 精度进行了验证。给定近圆参考轨道,通过 SGA-STM 解析计算一段时间内相对状态的演化,并与高精度模型下通过数值积分求解获得的相对状态进行比对,由此证明 SGA-STM 的精度。在数值积分过程中,高精度模型分别考虑了月球 J_2 摄动和 4×4 阶非球形摄动。

表 6.1 给出参考轨道为近圆轨道的初始轨道根数和从星相对主星的轨道根数差。图 6.2 给出不同偏心率参考轨道情况下,SGA-STM 法相对于数值积分法的相对位置误差。数值积分过程中考虑了月球的 J_2 摄动。由图可知,相对位置误差随时间不断扩大,速率接近 24m/h。这是由 SGA-STM 构造过程中参数的线性化和近似化处理引起轨道预报失真所导致的位置误差。相对位置误差同时也随参考轨道偏心率的增加而增大,但变化幅度很小,已难以从曲线中辨认。图 6.3 给出 4×4 阶月球非球形摄动下,SGA-STM 法相对于数值积分法的相对位置误差,但模型的精确化将进一度导致误差的扩大化。由图可知,误差扩散速率增大到 56m/h。更高阶摄动的考虑,致使轨道预报的进一步失真,造成误差的扩散。通过上述仿真算例,验证了 SGA-STM 的精确性,所预报的相对状态很好地吻合了数值计算结果,相对位置误差在 25h 内小于 1.5km。而实际操作中,由于测控中心会频繁预报航天器状态,轨道独立的演化时间会极大缩短,由 SGA-STM 法所引起的状态量误差也会随之变得更小。因此,SGA-STM 可充分满足

任务设计对轨道预报精度的需求。以月球探测任务为例,月球着陆器的在轨状态的更新时间近似为 5h。因此,即使考虑月球 4×4 阶非球形摄动,由 SGA-STM 法所引起的位置误差也仅为 300m,可以很好地满足任务设计需求。

表 6.1　受摄近圆轨道初始轨道根数与从星轨道根数差

主星轨道根数	数值	从星相对轨道根数	数值
$a(\text{km})$	1937.423	$\delta a(\text{m})$	300.0
$\theta(\text{deg})$	272.742	$\delta\theta(\text{deg})$	1.335
$i(\text{deg})$	45.513	$\delta i(\text{deg})$	6.0×10^{-3}
q_1	3.429×10^{-6}	δq_1	1.047×10^{-4}
q_2	-1.045×10^{-5}	δq_2	6.071×10^{-4}
$\Omega(\text{deg})$	187.720	$\delta\Omega(\text{deg})$	8.0×10^{-3}

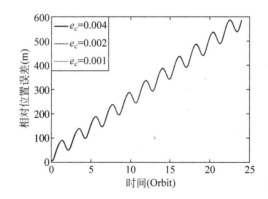

图 6.2　月球 J_2 摄动下针对不同偏心率参考轨道的相对位置误差

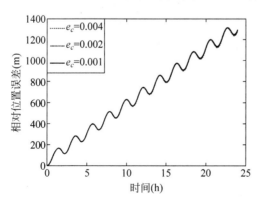

图 6.3　4×4 阶月球非球形摄动下针对不同偏心率参考轨道的相对位置误差

6.4.2　交会对接过程优化算例

表 6.2 给出了交会过程中从星和主星的非奇异初始轨道根数。由表可知,主星位于 200km 的近圆月球停泊轨道。交会所需最短时间由着陆器交会过程中的定轨与控制时间决定。在本算例中,依据任务需求,采用了 5 脉冲变轨方案。方案假设只采用横向与法向变轨脉冲,禁止执行径向脉冲。

表 6.2　从星和主星的非奇异初始轨道根数

	a(km)	θ(deg)	i(deg)	q_1	q_2	Ω(deg)
从星	1900.70	272.737	45.519	1.399×10^{-3}	4.266×10^{-3}	187.728
主星	1937.423	272.742	45.513	3.429×10^{-6}	-1.054×10^{-5}	187.720
最小交会对接时间(s)			30258.0			

本章采用梯度迭代算法来消除 C-W 模型、J_2 摄动模型和高精度模型(Hi-Fi)间的变轨策略误差。如图 6.4 所示,首先采用 C-W 打靶法产生了初始控制策略,结果见表 6.3 中第 3~4 列,总脉冲消耗为 15.302m/s。终端脉冲发生时间距初始时刻为 21615.7s。在本章中,基于任务规划和测定轨需求,定义总的交会时间为 30258s。通过 C-W 方程,可获得相对运动的状态转移矩阵。将状态转移矩阵、初始和末端条件代入方程(6-8),可推得线性化交会对接方程组,细节见 5.2.3 节。通过求解线性化方程组,便可求得满足约束条件的线性化控制策略 C-W 解。

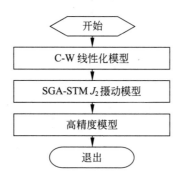

图 6.4　交会对接过程迭代优化方案

以 C-W 解作为初值,采用 Trust-Region Dogleg Method 梯度法求解 6.3 节中 KT 方程,便可获得 J_2 摄动模型下控制策略的局部最优解,并使得总脉冲消耗达到局部最小,设计流程如图 6.4 所示。J_2 摄动下的 KT 方程基于 SGA-STM 构建,因此轨道演化完全解析,避免了数值积分,极大地加快了优化进程,提高了计算效率,整个优化过程可在 50 步迭代内收敛。表 6.3 中第 5~6 列给出了 J_2 摄动下的局部最优控制策略,总的脉冲消耗为 22.430m/s。比对 C-W 模型,高出大约 50%。参考表 6.3,比对 C-W 解和 SGA-STM 摄动解,虽各次脉冲大小迥异,但作用时刻相差甚微。这主要因为为减小总脉冲消耗,各次变轨脉冲均被安排在转移轨道近月点和远月点,导致作用时刻相差无几所致。

表 6.3　不同引力场模型下满足交会对接约束变轨脉冲

脉冲		C-W 线性化模型		SGA-STM 摄动模型		高精度模型	
		大小(m/s)	作用时间(s)	大小(m/s)	作用时间(s)	大小(m/s)	作用时间(s)
$\Delta \boldsymbol{v}_1$	横向	5.565	3671.3	9.323	3654.6	9.287	3654.6
	法向	0.0		−0.619		0.216	
$\Delta \boldsymbol{v}_2$	横向	5.179	7421.0	8.156	7422.8	8.235	7423.1
	法向	0.0		2.356		0.857	
$\Delta \boldsymbol{v}_3$	横向	0.0	14000.0	1.174	14007.1	1.174	14006.3
	法向	5.677×10^{-5}		1.612		0.0137	
$\Delta \boldsymbol{v}_4$	横向	1.706	18210.7	0.193	18206.8	0.193	18205.8
	法向	0.0		1.312		0.112	
$\Delta \boldsymbol{v}_5$	横向	2.855	21615.7	1.237	21617.2	0.889	21618.4
	法向	0.0		−0.308		−0.156	
总脉冲(m/s)		15.302		22.430		19.870	

以 SGA-STM 解作为初值,采用 Trust-Region Dogleg Method 梯度法在高精度模型下修正变轨策略,便可获得高精度模型下的精确解。优化过程涉及的月球高精度模型考虑了 8×8 阶的月球非球形摄动、地球和太阳的三体引力摄动。通过评估月球高精度引力模型下的终端状态误差,修正 SGA-STM 值,获得满足约束条件的可行解,流程如图 6.4 所示。表 6.3 最后两列给出了高精度模型下的变轨脉冲矢量和作用时间。由表可知,总的脉冲消耗为 19.870m/s,接近于 SGA-STM 模型预报值。SGA-STM 解已非常接近于高精度模型解,仅法向变轨脉冲存在略微的差别。这主要是由更高阶摄动引起的轨道节线进动,导致法向状态预报略微失真,所引起的变轨误差。

表 6.4 给出近似模型(C-W 和 SGA-STM 模型)解在高精度模型下演化所产生的终端位置和速度误差,以及消除误差所需的迭代步数。表第 1 行给出了 C-W 线性化模型下的终端状态误差。由表可知,由 C-W 模型线性化和忽略高阶摄动所引起的误差量级显著,并经数值计算表明,在高精度模型下很难迭代收敛。表第 2 行数据给出 SGA-STM J_2 摄动模型下的终端状态误差。由表可知,相对位置和相对速度误差量级甚微,位置误差小于 5km,速度误差小于 1.0m/s。采用简单的梯度迭代算法 Levenberg-Marquardt[176],可将误差在 8 步内消除,修正后的结果在表 6.4 的第 3 行中给出。由表可知,其终端位置与速度误差已可忽略不计。Levenberg-Marquardt 梯度法之所以被引用,是因其可求解奇异雅克比矩阵[176]。本章中,求解的目标函数设为终端状态误差 $c(\mathbf{y_p})$ 的二次函数:

$$F(\mathbf{y_p}) = \frac{1}{2}\boldsymbol{c}(\mathbf{y_p})^{\mathrm{T}}\boldsymbol{c}(\mathbf{y_p}) \tag{6-51}$$

当迭代步长过小并且梯度算法已不能使目标函数值进一步减小时,迭代终止,输出计算结果。

表 6.4　近似模型下初值在高精度模型下的终端相对位置与速度误差

	Δr_f^x(km)	Δr_f^y(km)	Δr_f^z(km)	Δv_f^x(km/s)	Δv_f^y(km/s)	Δv_f^z(km/s)	迭代
C-W	-62.840	455.729	-0.249	-2.66×10^{-3}	1.347×10^{-2}	-1.027×10^{-4}	NA
SGA-STM	-2.916	4.569	3.073	5.025×10^{-4}	-3.473×10^{-4}	2.534×10^{-4}	NA
Hi-Fi	-2.523×10^{-3}	6.573×10^{-4}	5.056×10^{-4}	-3.846×10^{-6}	1.756×10^{-5}	3.616×10^{-8}	8

上述数值仿真算例很好地揭示了本章所提的 SGA-STM 交会控制算法的有效性与精确性。与高精度模型高度吻合的特性,已使得其计算结果可直接应用于任务的设计、分析以及规划策略的制定。图 6.4 所示优化设计流程均基于 VC++ 平台展开。考虑到算法的时效性,本章所提控制策略可在 30s 内规划完毕。本章策略规划所使用的 PC 机配置如下:2.5GHz 主频、双核 i5 处理器、4GB 内存和 512GB 固态硬盘。

6.4.3　有限推力模型下变轨策略

本节将采用有限推力模型验证脉冲-推力近似解的有效性,并将脉冲近似解转变为有限推力解。本节所采用的有限推力模型基于 STK-9 软件平台[178]。在后续计算中,我们将月球着陆器的初始质量、推力大小和比冲分别假定为 1000kg、500N 和 300s。有限推力模型下发动机开机时长可根据速度增量大小计算:

$$\Delta t_i = \int_0^{|\Delta v_i|} \frac{M_i}{T} dv \qquad (6\text{-}52)$$

方程可扩展为

$$\Delta t_i = \frac{M_i^+ + M_i^-}{2} \frac{|\Delta v_i|}{T} = \left(M_i^+ + \frac{\Delta M_i}{2}\right) \frac{|\Delta v_i|}{T} \qquad (6\text{-}53)$$

ΔM 为质量消耗

$$\Delta M_i = M_i^+ - M_i^- = M_i^+ (1 - e^{-\frac{|\Delta v_i|}{I_{sp} g_0}}) \qquad (6\text{-}54)$$

其中 M_i^+ 和 M_i^- 是第 i 次脉冲作用前和作用后的航天器质量,I_{sp} 为发动机比冲。

通过 STK-9 中的有限推力模块,可微分修正有限推力的方向、开机时间和开机时长,以消除由数值演化产生的终端状态误差。表 6.5 前两行给出 C-W(表 6.3 中第 3～4 列)和 SGA-STM(表 6.3 中第 5～6 列)脉冲-有限推力近似解在高精度有限推力模型中演化,所产生的积分终端误差。由表可知,C-W 解误差显著,位置误差达到 500km,很难通过 STK 微分修正来消除。数值仿真表明,微分修正难以在 100 步内收敛,对应的计算耗时巨大。而 SGA-STM 解对应的误差很小,位置误差仅为 65km,速度误差仅为 1.0m/s,且主要为横向误差易于消除。相比 C-W 模型,其状态误差减小将近一个量级。基于 STK 微分修正,误差可在 3 步迭代内消除,最终修正结果见表 6.5 的第 3 行。由表可知,修正后的位置和速度误差几乎可忽略不计。

表 6.5　脉冲初值在有限推力模型下演化产生的终端状态误差

	Δr_i^r(km)	Δr_i^t(km)	Δr_i^z(km)	Δv_i^r(km/s)	Δv_i^t(km/s)	Δv_i^z(km/s)	迭代
C-W	-74.427	500.059	-0.685	-3.315×10^{-3}	1.385×10^{-2}	-1.109×10^{-4}	NA
SGA-STM	-1.003	61.913	-2.729	-2.133×10^{-3}	3.414×10^{-3}	5.831×10^{-4}	NA
Hi-Fi	5.487×10^{-3}	5.641×10^{-3}	2.696×10^{-5}	2.069×10^{-3}	4.218×10^{-3}	2.529×10^{-4}	3

表 6.6 中第 3～5 列给出了有限推力解的初值,为通过 SGA-STM 脉冲-推力近似解直接转变而来,对应的总开机时长为 44.799s。表 6.6 最后三列给出修正后的有限推力标称解,对应的总开机时长为 43.575s,相对设计初值,误差仅为 1s。通过上述数值仿真,已经很直观地证明了 SGA-STM 脉冲-推力近似解的有限性和精确性。可很好地满足工程任务对控制策略初值设计的精度要求,并且修正计算的快速收敛性很好地满足了策略规划的时效性。

表 6.6　高精度模型下的有限推力初值和标称值

有限推力机动		有限推力初值			有限推力标称值		
		单位分量	开机时间(s)	作用时刻(s)	单位分量	开机时间(s)	作用时刻(s)
$\Delta \boldsymbol{v}_1$	横向法向	0.9978 −0.0663	18.657	3654.6	0.9983 −0.0662	17.407	3498.3
$\Delta \boldsymbol{v}_2$	横向法向	0.9607 0.2775	16.955	7422.8	0.9629 0.2770	16.973	7070.6
$\Delta \boldsymbol{v}_3$	横向法向	0.5887 0.8083	3.987	14007.1	0.5870 0.8107	4.014	13820.4
$\Delta \boldsymbol{v}_4$	横向法向	0.1455 0.9894	2.652	18206.8	0.1454 0.9905	2.638	18166.0
$\Delta \boldsymbol{v}_5$	横向法向	0.9704 −0.2416	2.549	21617.2	0.9716 −0.2413	2.542	21595.9
总开机时间（s）		44.799			43.575		

6.4.4　交会对接轨迹分析

图 6.5 给出月心惯性坐标系下从星相对主星的相对运动轨迹。图 6.6(a) 所示为从星相对主星在 LVLH 坐标系中的相对运动轨迹。图 6.6(b)～(d)所示为从星与主星的轨道根数差。图 6.6(b)所示为半长轴差随时间和变轨次数的变化,经过 5 次横向脉冲,半长轴差从 38.47km 逐步减小到接近于 0。图 6.6(c)～(d)所示为经过一次法向脉冲变轨,相对轨道倾角与升交点赤经的变化。此外,图中也清晰地展示了由高阶摄动项所引起的巡航段轨道根数波动。

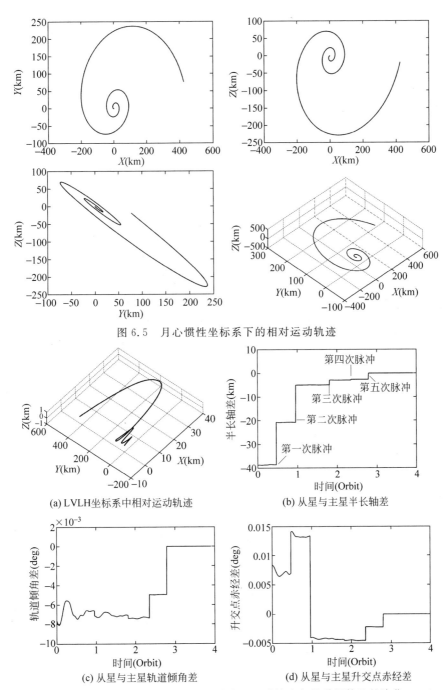

图 6.5 月心惯性坐标系下的相对运动轨迹

(a) LVLH坐标系中相对运动轨迹

(b) 从星与主星半长轴差

(c) 从星与主星轨道倾角差

(d) 从星与主星升交点赤经差

图 6.6 LVLH 坐标系中从星相对主星运动轨迹与轨道根数差的演化

6.5　本章小结

本章基于简化的 Gim-Alfriend 状态转移矩阵 SGA-STM 提出了多脉冲月球着陆器交会对接最优控制算法。该算法可完成交会对接系统设计，并允许灵活调整变轨脉冲数、作用时刻和任务持续时间。本章采用的 SGA-STM 模型包含 J_2 摄动，由其所预测的航天器相对状态与高精度模型下数值积分所预报相对状态差别很小，25 个小时内的绝对位置误差小于 1.5km。基于 SGA-STM 模型所设计的多脉冲交会对接优化控制策略可很好地满足高精度模型对初值的要求。以 SGA-STM 控制策略作为初值，在高精度模型中演化，所产生的交会终端误差很小：位置误差小于 5km，速度误差小于 1.0m/s。基于简单的梯度算法，残差可在 10 步迭代内消除。基于 STK-9 有限推力模型，我们对脉冲-推力近似解的有效性进行了验证。结果表明，SGA-STM 模型产生的脉冲-推力近似解相当精确，高精度模型下可行解可在此基础经微分修正在数步内得到。本章所示脉冲-推力优化算法可很好地适用于月球任务在轨交会制导策略的实施规划与分析。

第7章 全月面覆盖变轨策略

7.1 引　　言

美国国家宇航局 NASA 在 2005 年正式公布了重返月球计划。该计划首次提出全月面到达与任意时刻返回构想，并设想在月球南极建立永久基地，作为远征火星跳板。为全面了解月球地形地貌、月壤特性以及物质分布，科学家提出了遍布月面的 15 个探测点。实现全月面到达的关键，在于探测器近月机动的合理设计。好的机动方案不仅可满足月面任意点到达要求，更可实现燃料最优。本书前几章完成了探测器的转移轨道设计和在月球附近的交会对接，本章将着重研究地月空间中探测器完成全月面覆盖的最佳控制策略。

相关文献已对到达探测点所需燃料消耗以及时间特性进行了分析[8,147-151,179]，但目前研究的开展均基于地-月转移轨道。地-月转移轨道由于没有自由返回约束，可以实现任意倾角的月心段轨道，由此极大地简化了全月面覆盖的难度。其作为探月工程的前期，目的在于方法的论证。虽 Jesick[147-148] 研究了基于自由返回轨道的全月面覆盖方案，但奔月中途转移脉冲的出现，破坏了轨道的全程自由返回特性，故障情况下飞船无法实施自由返回。为实现后期载人登月，本章工作将基于多段自由返回轨道展开。多段自由返回轨道，由于第二段的引入，极大地改善了轨道特性。可以灵活地设计月心段轨道倾角与到达月球的时刻，由此形成对月球星下点经纬度的调整，有效地节省了月球目标到达所需的燃料消耗。同时多段自由返回轨道的应用，有效地保证了飞船在故障情况下的全程安全返回。

7.2 节研究了限制性三体模型下多段轨道的近月特性。7.3 节提出近月机动方案。通过巧妙设计首次变轨位置，实现机动方案的合理设计。7.4 节应用近月机动方案，计算出高精度引力模型下全月面覆盖燃料消耗，分析了月面到达特性，并通过大量的数值仿真，验证了算法的可行性与有效性。

7.2　多段自由返回轨道

7.2.1　限制性三体模型

由第 3 章可知,多段自由返回轨道由奔月段自由返回轨道(PTOP)和绕月段自由返回轨道(LOP)拼接而成。在第 3 章和第 4 章中,我们分别采用了圆锥曲线拼接模型和伪状态模型设计多段自由返回轨道以及分析轨道特性,但模型精度的欠佳,引起了特性分析不可避免的误差。本章研究基于多段自由返回轨道展开,地月空间中途转移策略的不同将显著影响最终目标轨道到达所需的燃料消耗。因此,特性分析略微的误差,都将影响最终燃料消耗的评估。此时,对精细模型下轨道特性的研究便显得尤为关键。本章轨道构建以伪状态模型解为初值,在圆形限制性三体模型[180]下,完成了对轨道的最终修正以及特性分析。圆形限制性三体模型具备了很高的精度,该模型忽略了航天器质量,只考虑地月引力对航天器影响;地月均围绕公共质心作圆周运动。为描述航天器运动,需构建旋转坐标系:坐标原点位于地月连线公共质心;x 轴沿地月连线指向月球;z 轴为地月圆周运动角动量方向;y 轴与 x 和 z 轴构成右手坐标系。航天器在此旋转坐标系中的加速度为

$$\ddot{\boldsymbol{r}} = -\frac{\mu_{\mathrm{E}}}{r_{\mathrm{ES}}^3}\boldsymbol{r}_{\mathrm{ES}} - \frac{\mu_{\mathrm{M}}}{r_{\mathrm{MS}}^3}\boldsymbol{r}_{\mathrm{MS}} - 2\boldsymbol{\omega}\times\boldsymbol{r} - \boldsymbol{\omega}\times(\boldsymbol{\omega}\times\boldsymbol{r}) \tag{7-1}$$

其中 $\boldsymbol{r}_{\mathrm{ES}}$ 和 $\boldsymbol{r}_{\mathrm{MS}}$ 分别为航天器相对地心和月心的距离,$\boldsymbol{r}$ 为旋转坐标系下的位置矢量。本节将在限制性三体模型下设计多段自由返回轨道并对轨道特性进行分析。基于第 4 章的伪状态模型,可以获得多段自由返回轨道设计初值。然后在限制性三体模型下修正,可获得此模型下精确解。参考第 4 章,PTOP 段自由返回段轨道修正涉及的约束以及自由参数有

$$\boldsymbol{c}_{\mathrm{PTOP}} = \begin{bmatrix} h_{\mathrm{pc}} - h_{\mathrm{pc0}} \\ h_{\mathrm{re}} - h_{\mathrm{re0}} \end{bmatrix}_{2\times 1} \tag{7-2}$$

$$\boldsymbol{y}_{\mathrm{PTOP}} = \begin{bmatrix} \mathrm{TLI} \\ \Omega_{\mathrm{tl}} \\ \omega_{\mathrm{tl}} \end{bmatrix}_{3\times 1} \tag{7-3}$$

LOP 段自由返回轨道修正涉及的约束以及自由参数有

$$\boldsymbol{c}_{\mathrm{LOP}} = \begin{bmatrix} r_{\mathrm{pc}} - r_{\mathrm{pc0}} \\ r_{\mathrm{re}} - r_{\mathrm{re0}} \end{bmatrix}_{2\times 1} \tag{7-4}$$

$$\boldsymbol{y}_{\mathrm{LOP}} = \begin{bmatrix} \Delta v_{\mathrm{LTM}}^{r} \\ \Delta v_{\mathrm{LTM}}^{t} \\ \Delta v_{\mathrm{LTM}}^{z} \end{bmatrix}_{3\times 1} \tag{7-5}$$

限制性三体模型下轨道修正存在较强非线性。因此,本节继续采用非线性无约束优化算法 Nelder-Mead Simplex[158],消除限制性三体模型下的积分终端误差。多段自由返回轨道修正可在 100 步内收敛。修正后轨道满足发射、绕月以及返回等一系列约束,并且轨道设计精度可很好满足工程任务需求。

7.2.2　轨道一般特性

本节轨道特性分析均基于限制性三体模型展开。图 7.1 给出限制性三体模型下,不同中途转移时刻对应的多段自由返回轨道。图示 LOP 段轨道近月距均为 200km,地球大气层再入时刻轨道高度 121km,飞行角 −6deg,满足月球着陆与地球再入要求。图示 PTOP 段轨道近月距 6000km,满足再入要求。图 7.2 给出不同中途转移时刻对应的近月轨道倾角和中途转移速度增量。由图可知,随中途转移时间的延迟,LOP 近月轨道倾角单调增加;倾角变化范围为 155deg 到 163deg。由此,可通过选择近月轨道倾角,减小近月制动至目标轨道所需燃料消耗。随中途转移时间延迟,中途转移速度增量减小,在 1day 附近达到最小;随后缓慢增加,3.5day 后快速增大。这主要因为 3.5day 后轨道进入月球影响球,月球引力显著,变轨所需燃料消耗加大。中途转移对应最大速度增量为 870m/s,约为最小值的 2 倍。

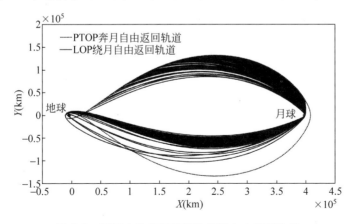

图 7.1　不同中途转移时刻的多段自由返回轨道

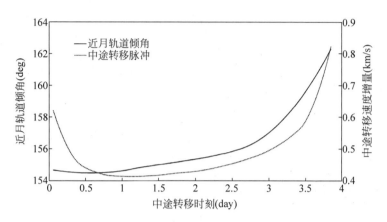

图 7.2　LOP 近月轨道倾角和中途转移速度增量随中途转移时刻的变化

　　图 7.3 给出不同 PTOP 近月距对应的多段自由返回轨道。图示 PTOP 段轨道近月距变化范围 1000～15000km，中途转移时间统一取为 2day。图 7.4 给出不同 PTOP 段轨道近月距对应的近月轨道倾角和中途转移速度增量。由图可知，随 PTOP 近月距增加，LOP 近月轨道倾角先减后增，在 6000km 附近达到最小值；但倾角仅在 1deg 范围内变化，PTOP 近月距对 LOP 近月轨道倾角取值不产生实质影响。中途转移速度增量随 PTOP 近月距增加而单调增加，速度增量变化区间[200,600]m/s。由此可知，PTOP 近月距选取决定着中途转移速度增量的取值。

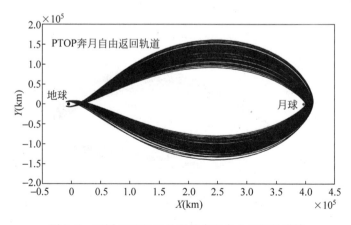

图 7.3　不同 PTOP 近月距的多段自由返回轨道族

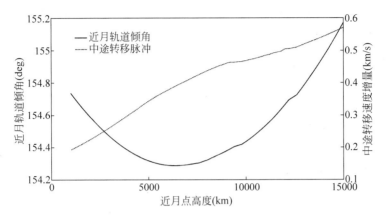

图 7.4　LOP 近月轨道倾角和中途转移速度增量随 PTOP 近月点高度变化

7.3　全月面覆盖变轨策略规划

本节采用两步迭代法,完成地月转移轨道到月球目标停泊轨道(LDO)的变轨策略规划。给出近月制动速度增量大小、方向以及时刻。首先基于探测器-月球二体模型,完成变轨策略初始规划。然后引入月球高精度模型,修正变轨初值。修正算法采用成熟的 Trust-Region-Reflective 优化算法。图 7.2 显示 LOP 近月轨道倾角变化范围显著,由此,中途转移时间同样将作为设计参数,用以优化近月制动变轨量的大小。

7.3.1　二体模型下变轨策略规划

考虑到燃料最优,本节采用三次变轨,完成转移轨道到月球目标停泊轨道的机动。第一次近月制动(LOI-Ⅰ)主要用以减小转移轨道能量,使双曲转移轨道变为大偏心率椭圆轨道;第二次近月机动(LOI-Ⅱ)发生在椭圆轨道远月点,用以完成轨道面转换;第三次近月制动(LOI-Ⅲ)用以完成轨道的圆化。设计使 LOI-Ⅰ 发生在 LDO 与近月双曲轨道交点处。完成双曲轨道面内变轨,使得 LDO 与双曲轨道交点变为第一段大椭圆轨道近月点。由此获得椭圆轨道不仅与双曲轨道共面,并有效地减小了初次变轨所需的速度增量。第一段椭圆轨道在远月点处与 LDO 轨道面再次相交,此时可利用远月点处速度最小优势,完成轨道面切换,使得第二段椭圆轨道与目标轨道共面且指向相同。下面给出了首次变轨点位置解析求解算法,合理避

免了数值求解引起的迭代计算耗时。在月球惯性坐标系中，LDO 与近月双曲轨道(IH)面的法向量为

$$\boldsymbol{h}_{\mathrm{LDO}} = \frac{\boldsymbol{r}_{\mathrm{LDO}} \times \boldsymbol{v}_{\mathrm{LDO}}}{\| \boldsymbol{r}_{\mathrm{LDO}} \times \boldsymbol{v}_{\mathrm{LDO}} \|} = (m_{\mathrm{LDO}} \quad n_{\mathrm{LDO}} \quad g_{\mathrm{LDO}})_{3\times1}^{\mathrm{T}} \tag{7-6}$$

$$\boldsymbol{h}_{\mathrm{IH}} = \frac{\boldsymbol{r}_{\mathrm{IH}} \times \boldsymbol{v}_{\mathrm{IH}}}{\| \boldsymbol{r}_{\mathrm{IH}} \times \boldsymbol{v}_{\mathrm{IH}} \|} = (m_{\mathrm{IH}} \quad n_{\mathrm{IH}} \quad g_{\mathrm{IH}})_{3\times1}^{\mathrm{T}} \tag{7-7}$$

由此可得 LDO 与 IH 面交线的方向向量为

$$\boldsymbol{S} = \boldsymbol{h}_{\mathrm{LDO}} \times \boldsymbol{h}_{\mathrm{IH}} = (j \quad k \quad l)_{3\times1}^{\mathrm{T}} \tag{7-8}$$

因为空间交线经过坐标原点，由此可得交线的点向式方程

$$\frac{x}{j} = \frac{y}{k} = \frac{z}{l} = q \tag{7-9}$$

设

$$q = 1 \tag{7-10}$$

可得交线上点坐标

$$\boldsymbol{r}_{\mathrm{line}} = (j \quad k \quad l)_{3\times1}^{\mathrm{T}} \tag{7-11}$$

将上述惯性坐标系下点坐标转换到双曲轨道坐标系：

$$\boldsymbol{r}_{\mathrm{line}}^{\kappa} = \mathbf{R}_z(\omega_{\mathrm{IH}})\mathbf{R}_x(i_{\mathrm{IH}})\mathbf{R}_z(\Omega_{\mathrm{IH}})\boldsymbol{r}_{\mathrm{line}} \tag{7-12}$$

可得轨道坐标系下交线的方向向量：

$$\boldsymbol{S}^{\kappa} = \boldsymbol{r}_{\mathrm{line}}^{\kappa} - \boldsymbol{0} = (j^{\kappa} \quad k^{\kappa} \quad l^{\kappa})_{3\times1}^{\mathrm{T}} \tag{7-13}$$

并可进一步简化为

$$y = \frac{k^{\kappa}}{j^{\kappa}}x = Kx \tag{7-14}$$

轨道坐标系中，双曲轨道方程为

$$\frac{(x-c)^2}{a^2} - \frac{y^2}{b^2} = 1 \tag{7-15}$$

其中

$$c^2 = ae, \quad b^2 = c^2 - a^2 \tag{7-16}$$

将式(7-14)代入式(7-15)，可得如下关于坐标 x 的二次方程：

$$(b^2 - a^2 K^2)x^2 - 2b^2 cx + b^2 c^2 - a^2 b^2 = 0 \tag{7-17}$$

求解上述方程得

$$x_\beta = \begin{cases} \dfrac{2b^2 c + \sqrt{4b^4 c^2 - 4(b^2 - a^2 K^2)(b^2 c^2 - a^2 b^2)}}{2(b^2 - a^2 K^2)} \\[3mm] \dfrac{2b^2 c - \sqrt{4b^4 c^2 - 4(b^2 - a^2 K^2)(b^2 c^2 - a^2 b^2)}}{2(b^2 - a^2 K^2)} \end{cases} \tag{7-18}$$

由此可得 LDO 与 IH 轨道的两个交点坐标。在 IH 轨道坐标系下交点的真近点角为

$$f_\beta = \arctan_{(2)} \left(\frac{y_\beta}{x_\beta} \right) \tag{7-19}$$

为有效减小双曲轨道能量，首次变轨位置需靠近近月点，由此选取

$$|f_\beta| \leqslant \frac{\pi}{2} \tag{7-20}$$

在月球惯性坐标系下，LOI-I 变轨点位置矢量为

$$\boldsymbol{r}_\beta = r_\beta \cos f_\beta \, \hat{\boldsymbol{P}} + r \sin f_\beta \, \hat{\boldsymbol{Q}} \tag{7-21}$$

其中 $\hat{\boldsymbol{P}}$ 和 $\hat{\boldsymbol{Q}}$ 为月球惯性坐标系下偏心率和半通径的单位矢量：

$$\hat{\boldsymbol{P}} = \begin{bmatrix} \cos\omega \cos\Omega - \sin\omega \sin\Omega \cos i \\ \cos\omega \sin\Omega + \sin\omega \cos\Omega \cos i \\ \sin\omega \sin i \end{bmatrix} \tag{7-22}$$

$$\hat{\boldsymbol{Q}} = \begin{bmatrix} -\sin\omega \cos\Omega - \cos\omega \sin\Omega \cos i \\ -\sin\omega \sin\Omega + \cos\omega \cos\Omega \cos i \\ \cos\omega \sin i \end{bmatrix} \tag{7-23}$$

将位置矢量 $\boldsymbol{r}_\beta$ 转换到 LDO 轨道坐标系：

$$\boldsymbol{r}_\beta^\tau = \begin{bmatrix} x_\beta^\tau \\ y_\beta^\tau \end{bmatrix} = \mathbf{R}_x(i_{\mathrm{LDO}}) \mathbf{R}_z(\Omega_{\mathrm{LDO}}) \boldsymbol{r}_\beta \tag{7-24}$$

获得 LDO 轨道坐标系下交点的纬度幅角：

$$u_\beta^\tau = \arctan_{(2)} \left(\frac{y_\beta^\tau}{x_\beta^\tau} \right) \tag{7-25}$$

根据式(7-20)和式(7-25)，可获得月球赤道惯性坐标系下 LOI-I 变轨前后航天器的速度矢量：

$$\boldsymbol{v}_\beta = \sqrt{\frac{\mu_{\mathrm{M}}}{a(1-e^2)}} \left[-\sin f_\beta \, \hat{\boldsymbol{P}} + (e + \cos f_\beta) \hat{\boldsymbol{Q}} \right] \tag{7-26}$$

$$\boldsymbol{v}_{\mathrm{p1}} = \sqrt{\frac{\mu_{\mathrm{M}}}{a_1(1-e_1^2)}} (e_1 + 1) \hat{\boldsymbol{Q}}_1 \tag{7-27}$$

由此可得 LOI-I 变轨速度增量

$$\Delta \boldsymbol{v}_1 = \boldsymbol{v}_{\mathrm{p1}} - \boldsymbol{v}_\beta \tag{7-28}$$

根据第一段大椭圆轨道的近月距与远月距，可确定式(7-27)中轨道根数：

$$a_1 = \frac{r_{\mathrm{p1}} + r_{\mathrm{a1}}}{2}, \quad e_1 = \frac{r_{\mathrm{a1}} - r_{\mathrm{p1}}}{r_{\mathrm{a1}} + r_{\mathrm{p1}}} \tag{7-29}$$

其中

$$r_{p1} = \frac{a(1-e^2)}{1+e\cos f_{\beta}} \qquad (7\text{-}30)$$

由上所述,LDO 与第一段椭圆轨道在远月点处相交。利用远月点飞行速度最小优势,实施近月机动,改变轨道面至与 LDO 轨道面重合。月球赤道惯性坐标系下,第二次变轨前后航天器速度矢量为

$$\boldsymbol{v}_{a1} = \sqrt{\frac{\mu_{M}}{a_1(1-e_1^2)}}(e_1-1)\hat{\boldsymbol{Q}}_1 \qquad (7\text{-}31)$$

$$\boldsymbol{v}_{a2} = \sqrt{\frac{\mu_{M}}{a_2(1-e_2^2)}}(e_2-1)\hat{\boldsymbol{Q}}_2 \qquad (7\text{-}32)$$

由此可得 LOI-Ⅱ变轨速度增量

$$\Delta \boldsymbol{v}_2 = \boldsymbol{v}_{a2} - \boldsymbol{v}_{a1} \qquad (7\text{-}33)$$

第二次变轨所得椭圆轨道与 LDO 共面,由此可确定椭圆轨道倾角与升交点赤经。第一次变轨点为第二段椭圆轨道近月点,由此得轨道近月点幅角为 LDO 轨道第一次变轨点处纬度幅角,幅角计算见式(7-25)。由第一段椭圆轨道远月距与 LDO 轨道半径,可确定式(7-32)中轨道根数:

$$a_2 = \frac{r_{LDO}+r_{a1}}{2}, \quad e_2 = \frac{r_{a1}-r_{LDO}}{r_{a1}+r_{LDO}} \qquad (7\text{-}34)$$

最后一次变轨发生在第二段椭圆轨道面内,近月点变轨完成轨道圆化,获得最终目标轨道 LDO。最后一次变轨速度增量为

$$\Delta \boldsymbol{v}_3 = \boldsymbol{v}_{p2} - \boldsymbol{v}_{LDO\beta} \qquad (7\text{-}35)$$

其中

$$\boldsymbol{v}_{p2} = \sqrt{\frac{\mu_{M}}{a_2(1-e_2^2)}}(e_2+1)\hat{\boldsymbol{Q}}_2 \qquad (7\text{-}36)$$

$$\boldsymbol{v}_{LDO\beta} = \sqrt{\frac{\mu_{M}}{r_{LDO}}}(-\sin u_{\beta}\,\hat{\boldsymbol{P}} + \cos u_{\beta}\,\hat{\boldsymbol{Q}}) \qquad (7\text{-}37)$$

综上所述,通过本节推导,完成了二体模型下全月面覆盖的变轨策略规划。给出了变轨速度增量的解析设计算法,为高精度模型下变轨策略精确设计提供了初值,并可用于后续登月任务设计燃料消耗的快速评估。

7.3.2　高精度模型下修正

本节引入 Trust-Region-Reflective 优化算法[156,157],在高精度模型下修正变轨策略规划初值。本节高精度模型以月球为引力中心,考虑了 8×8 阶

月球非球形摄动、地球和太阳三体摄动和太阳光压摄动。策略修正算法目标函数为各次变轨速度增量的标量和：

$$J = \Delta v_{\text{LTM}} + \sum_{i=1}^{3} |\Delta \boldsymbol{v}_i| \tag{7-38}$$

其中变轨量 Δv_{LTM} 取决于多段自由返回轨道的中途转移时刻。近月制动变轨策略涉及的自由参数为

$$\boldsymbol{y}_{\text{LOI}} = \begin{bmatrix} t_{\text{f}} & t_{\text{LTM}} & t_1 & t_2 & t_3 & \Delta \boldsymbol{v}_1^{\text{T}} & \Delta \boldsymbol{v}_2^{\text{T}} & \Delta \boldsymbol{v}_3^{\text{T}} \end{bmatrix}_{1 \times 14}^{\text{T}} \tag{7-39}$$

设置终端时间为自由参数，可有效降低修正算法收敛难度。图 7.4 的特性分析给出 PTOP 近月距对 LOP 近月轨道倾角取值不产生实质影响。由此，PTOP 近月距可不作为自由参数出现。考虑到任务时间和中途转移速度增量约束，选取 PTOP 近月距为 5000km。

变轨策略修正涉及的等式约束为

$$\boldsymbol{c}_{\text{LOI}} = \begin{bmatrix} \boldsymbol{r}(t_{\text{f}}) - \boldsymbol{r}_0 \\ \boldsymbol{v}(t_{\text{f}}) - \boldsymbol{v}_0 \end{bmatrix}_{6 \times 1} \tag{7-40}$$

不等式约束为

$$\boldsymbol{d}_{\text{LOI}} = \begin{bmatrix} t_{\text{f}} - t_{\text{MIN}} & t_{\text{LTM}} & t_1 - t_{\text{LTM}} & t_2 - t_1 & t_3 - t_2 \end{bmatrix}_{1 \times 5}^{\text{T}} \geqslant \boldsymbol{0} \tag{7-41}$$

终端等式约束保证转移轨道在 t_{f} 时刻机动到目标 LDO 轨道。不等式约束保证变轨的时间逻辑性。其中 t_{MIN} 为全月面覆盖最小机动时间，由具体任务给出。

二体模型下变轨策略的初值精度以及高精度模下变轨策略的修正算例均将在下节中给出。

7.4　数值仿真算例

表 7.1 给出本节所采用数值真算例。月球目标轨道高度为 200km，月球赤道惯性坐标系下轨道倾角 135deg，升交点赤经 180deg。月心段双曲转移轨道根数见表第二行。根据任务要求，总 LOI 时间假设为 95272.3s；第二段椭圆转移轨道远月距为 15900km。通过优化式（7-38）所示目标函数，获得中途转移最佳时间为 1.1day，对应中途转移速度增量为 412.257m/s。

表 7.2 给出二体模型下 LOI 变轨策略初值以及高精度模型下的修正值。由表可知，二体模型对应总 LOI 速度增量为 1439.8m/s，略小于高精度模型下修正值 1441.0m/s；对应的总 LOI 时间 95272.3s，略大于修正值 95268.1s；变轨策略初值（变轨量与变轨时间）非常接近与修正值，误差小于

0.5%,整个修正过程可在 60 步内收敛。图 7.5 给出高精度模型下 LOI 变轨策略规划图。通过三次近月机动,将月心双曲转移轨道机动至月球目标停泊轨道。轨道倾角与升交点赤经均由落月点经纬度确定。

表 7.1　月球目标和近月双曲轨道的经典轨道根数

	a(km)	e	i(deg)	Ω(deg)	ω(deg)	f(deg)
LDO	1938.0	0.0	135.0	180.0	0.00	60.0
IH	6122.42	1.3165	160.310	186.462	224.717	−90.573
总 LOI 时间（s）			95272.3			

表 7.2　不同模型下的变轨策略

脉冲		二体模型		高精度模型	
		大小（m/s）	时间（s）	大小（m/s）	时间（s）
LOI-I	径向	770.764	1936.4	770.992	1936.3
	横向	−167.119		−166.875	
	法向	0.0		−0.268	
LOI-II	径向	0.0	46082.6	−0.0428	46177.4
	横向	−33.903		−34.573	
	法向	−101.042		−101.208	
LOI-III	径向	0.0	89530.5	0.0326	89548.4
	横向	−544.597		−545.253	
	法向	0.0		−1.369	
总 LOI 时间(s)		95272.3		95268.1	
总 LOI 速度增量(m/s)		1439.8		1441.0	

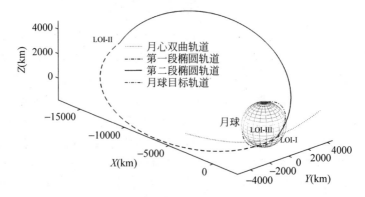

图 7.5　高精度模型下近月机动策略仿真示意图

图 7.6 给出二体模型下全区间内全月面覆盖近月制动变轨量变化等高线图。如图所示,LDO 轨道倾角与升交点赤经变化范围分别为[0,180]deg与[0,360]deg。不失一般性,角度间隔均取 10deg,仿真总共包含 703 组算例。由图可知,最大变轨速度增量为 2.4km/s,发生在$(\Omega, i) = (20\text{deg},$ 30deg) 和 (340deg,30deg)处。最小变轨速度增量为 1.0km/s,发生在$(\Omega, i) = (180\text{deg}, 150\text{deg})$处。与我们预计相同,最小变轨量发生在当目标LDO 轨道的倾角与升交点赤经和近月双曲轨道的倾角与升交点赤经相等时。此时变轨仅为面内变轨,近月制动,完成轨道圆化。当 LDO 轨道与近月双曲轨道反向时,所需变轨量最大。此种变化规律同样见于图 7.7。

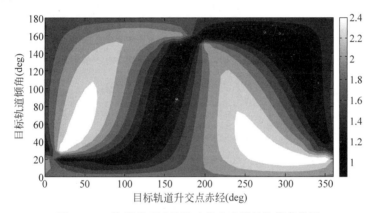

图 7.6　二体模型下近月机动总速度增量的等高线图

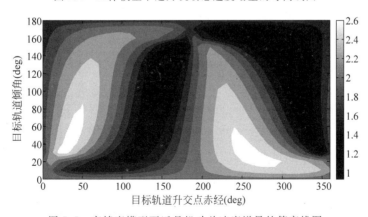

图 7.7　高精度模型下近月机动总速度增量的等高线图

图 7.7 给出高精度模型下近月制动变轨量修正值。由图可知,最大变轨量为 2.6km/s,略高于二体模型下初值。此误差主要源于法向变轨量。

高精度模型下,由于摄动力影响,造成节线进动。由此,需要消耗额外速度增量,调节轨道面方位,完成近月轨道的机动。图7.8给出高精度模型下总的速度增量变化图。图示总速度增量为中途转移速度增量与三次近月制动速度增量之和。由图可知,速度增量变化趋势类似于图7.7,不同多段自由返回轨道中途转移速度增量均小于400m/s。

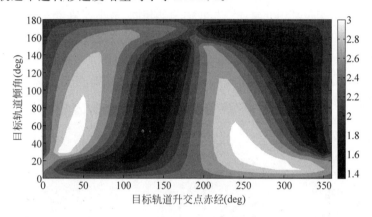

图 7.8　高精度模型下总速度增量的等高线图

7.5　本 章 小 结

　　本章提出多段自由返回轨道全月面覆盖变轨策略控制算法。基于限制性三体模型,构建了多段自由返回轨道,并对影响月面覆盖轨道特性进行了分析。在月球二体模型下构建了全月面覆盖解析算法。在高精度月球引力模型下,对变轨策略初值进行了修正。上述研究表明,随中途转移时间的延迟,绕月段自由返回轨道(LOP)近月轨道倾角单调增加;倾角变化范围为155deg到163deg。奔月段自由返回轨道(PTOP)近月距对LOP近月轨道倾角取值影响微弱,可忽略不计。二体模型下变轨策略初值(变轨量与变轨时间)与高精度模型下修正值非常接近,误差小于0.5%。整个修正过程可在60步内收敛。本章给出不同工况下全月面覆盖变轨量等高线图。研究表明,当近月双曲轨道与月球目标轨道指向相同时,所需变轨量最小。当近月双曲轨道与月球目标轨道指向相反时,所需变轨量最大。多段自由返回轨道下实现任意月面覆盖,所需的中途变量小于400m/s,所需的近月机动变轨量小于2.6km/s。

第8章 结 论

8.1 研 究 总 结

20世纪90年代世界迎来了第二波探月高潮,美国、俄罗斯、中国、欧洲、日本和印度均先后参与其中,并发射了系列探测器。其中探测内容的多样化,轨道设计的复杂精细化,宇航员安全保障的突出化,进一步加大了载人登月工程任务设计的复杂度与难度。本书紧扣时代背景,研究了载人登月以及月球探测任务中所遇到的新型轨道设计问题。首先,针对地球高纬度再入提出了基于拱线偏置的返回轨道设计方案,并通过改进圆锥曲线拼接模型下状态切换算法,提高了轨道设计效率。其次,针对宇航员安全保障突出化和任务设计复杂化,提出了适用于载人登月的多段轨道自由返回轨道,并完成模型精细化构建;该轨道不仅有效地降低了轨道设计的复杂度而且保障了故障情况下飞船的全程安全返回性。然后,针对轨道设计的复杂精细化,构建了考虑 J_2 摄动的月球附近交会对接解析控制算法,不仅提升了模型的精度更有效地减少了计算时间。最后,针对探测内容的多样化和宇航员安全保证的突出化,提出基于多段自由返回轨道的全月面到达变轨策略控制方案,巧妙地设计了轨道机动以实现全月面覆盖,并同时保证了全程安全返回性和燃料最优性。获得的研究成果具体如下:

地月转移新型轨道研究:提出了圆锥曲线拼接模型下月球影响球处轨迹状态判断法,避免了影响球处初值的猜测,有效减少了误差修正所需的时间消耗;提出高纬度再入轨道设计方案,圆锥曲线拼接模型下,完成了月球返回轨道的半解析构建,并揭示了返回时刻的月球纬度与返回时间对再入点经纬度和再入航程的影响;再入航程随着陆点纬度的增加而增大,随拱线纬度偏置的增加而减小;数值计算表明,圆锥曲线拼接模型可较好地适用于地-月转移轨道设计,模型不精确所产生的轨道积分误差可通过梯度迭代算法快速消除。

多段自由返回轨道研究:针对载人登月任务设计、月面着陆与安全返回要求,提出多段自由返回轨道;经典自由返回轨道受到约束过强,致使设计难度加大、发射窗口变窄,无法有效保证光照与测控要求的满足;Hybrid 轨道相比自由返回轨道,虽设计更为灵活、窗口更为宽广,但第二段非自由返回段的引入,破坏了轨道的整体安全返回属性;多段自由返回轨道兼收并蓄,轨道设计不仅灵活且满足无动力情况下的安全返回,近月轨道与白道面夹角可达±15deg;大量数值仿真实验证明,多段自由返回轨道仍可基于圆锥曲线拼接模型建模,但会产生较大误差,其中以绕月段自由返回轨道的终端误差最为显著。

伪状态模型下多段自由返回轨道研究:将经典模型应用于新轨道设计,得到仅次于限制性三体模型精度的解析解;轨道模型构建完全解析,并在数值上验证了模型的有效性;轨道设计中,伪状态理论因模型不精确所产生的近月距误差仅为圆锥曲线拼接模型下近月距误差的 10%;伪状态理论适用于多段自由返回轨道的建模与特性分析。

月球附近交会对接:提出三步迭代法,完成控制策略由 C-W 模型、二体模型到高精度模型的进化,并在数值上验证了算法的有效性;C-W 模型产生的控制误差较大,相比高精度模型,误差主要体现在法向变轨量的大小;对比遗传算法,三步迭代亦具最优属性。

J_2 摄动下月球附近交会对接:揭示了简化的考虑 J_2 摄动的状态转移矩阵仍可精确模拟轨迹演化;提出了 J_2 摄动模型下月球附近交会对接最优控制策略;不同于 C-W 模型,J_2 摄动解可显著地减小法向变轨误差,有效避免因多步迭代带来的时间消耗,更适用于星载计算机的实时规划,将解析模型误差减小了 2 个数量级。数值计算表明,J_2 摄动解因模型不精确带来的交会终端位置误差仅为 C-W 模型误差的 1%;脉冲近似解可有效转变为有限推力解。

全月面到达控制策略研究:提出基于多段自由返回轨道的全月面到达解析控制策略;多段自由返回轨道较宽的发射窗口和灵活的飞行时间,可有效用于减少全月面覆盖所带来的燃料消耗,并同时保证飞船的安全返回属性;针对月球目标轨道捕获,提出了一种局部最优的三脉冲近月制动解析控制模型,并在数值上验证了方法的有效性;大量数值仿真实验表明,实现全月面覆盖所需的近月机动脉冲消耗小于 2.6km/s,中途转移脉冲增量小于 0.4km/s。

8.2 展　　望

"路漫漫其修远兮,吾将上下而求索。"20 世纪 60 年代,人类勇敢地迈出了远征外太空的第一步。突破地球的禁锢,突破引力的束缚,用非凡的勇气与智慧,登临月球。21 世纪初叶,世界重新燃起对穿越外太空的渴望,美国重返月球的"星座"计划、中国的"嫦娥工程"计划以及欧洲的"曙光女神"计划等,其任务设计更为复杂、探测内容更为多样、针对宇航员的安全保障也更为突出。本文研究便以当前热点问题为背景展开,研究几乎覆盖了整个月球探测任务的轨道设计与控制,但客观地分析,仍存在诸多需要解决的问题,现列举如下:

(1) 任意时刻安全返回。月面任意时刻起飞并完成与轨道舱的交会对接,将涉及轨道面的大范围机动与燃料的大量消耗,如何合理安排变轨机动,控制燃料消耗,完成非邻近区域的交会对接,将成为工程上亟待解决的问题。

(2) 冗余自由度的载人奔月轨道。传统奔月轨道为保证宇航员安全,均采用经月球甩后的 8 字形返回轨道,工程约束多于轨道自由度,极大地限制了轨道特性的拓展,造成了全月面到达燃料的大量消耗与飞行时间的不可控,而能否突破传统观念束缚,设计自由度冗余并可安全返回轨道,或许也将成为下一步工程中研究的重点。

(3) 高精度模型下月球附近交会对接。在登月舱交会对接最优控制策略规划中引入更加精细的动力学模型,显然能够提高算法精度与分析的准确度。针对月球附近交会对接,可在本书基础上进一步引入高阶摄动项 C_{22}、J_4 和 J_6,构建全解析高阶摄动交会对接方程组,求解 KT 方程,获得高阶摄动模型下局部最优控制策略。

(4) 非邻近区域交会对接。传统交会对接控制算法或基于圆轨道或基于椭圆轨道,但无一例外均是在主星邻近区域泰勒展开,获得一阶线性化相对运动方程,这极大地束缚了初始轨道与目标轨道的选取。随着工程中任意时刻安全返回以及大尺度椭圆轨道交会对接问题的提出,对非邻近区域交会对接问题的研究也将变得更有价值与意义。

参 考 文 献

[1] NASA Kennedy Space Center: The Apollo Spacecraft. 1962 [2014-09-15]. http://www-pao. ksc. nasa. gov/kscpao/history/apollo/apollo-spacecraft. htm

[2] NASA. Apollo 10 Press Kit. Washington D C, 1969: NASA Release 69-68.

[3] Low G M. Apollo 11 Mission Report. 1969: NASA MSC-00171.

[4] McDivitt J A. Apollo 12 Mission Report. Houston, Texas, 1970: NASA MSC-01855.

[5] Lyndon B. Johnson Space Center. Apollo Program Summary Report. Houston, Texas, April 1975: NASA JSC-09423.

[6] Lyndon B. Johnson Space Center. Benefits from Apollo: Giant Leaps in Technology. Houston, Texas, 2004: NASA FS-2004-07-002-JSC.

[7] Rocket: Historical Milestones. [2014-08-19]. http://www. russianspaceweb. com/ppts. html.

[8] Stanley D, Cook S, Connolly J, et al. NASA's Exploration Systems Architecture Study. NASA TM-2005-214062, Nov. 2005: 193-197.

[9] Sander M J. The Nation's Vision for Exploration: An Update. NASA Technical Report Server, 2007[2014-08-19]. http://ntrs. nasa. gov/search. jsp.

[10] Dale S, Cooke D, Horowitz S. Global Exploration Strategy and Lunar Architecture. Washington D C: NASA Office of Public Affairs, 2006: 1-49.

[11] Charles D, William A J, Julie K W. To the Moon and Beyond. Scientific American, 2007, 297: 62-68.

[12] NASA Constellation Program: The Orion Crew Exploration Vehicle. NASA, 2007[2014-08-19]. http://www. nasa. gov/mission_pages/constellation/orion/index. html.

[13] NASA Constellation Program: The Ares V Cargo Launch Vehicle. NASA, 2007, [2014-08-19]. http://www. nasa. gov/mission_pages/constellation/main/index2. html.

[14] NASA: The Orion Crew Exploration Vehicle. NASA, 2007, [2014-08-19]. http://spaceflightsystems. grc. nasa. gov/Orion/2007.

[15] JAXA Vision Summary. Japan Aerospace Exploration Agency, 2005, [2014-05-10]. http://www. sron. nl/files/PB/downloads/Jaxa%20rapport.

[16] The Augustine Committee Review of U. S. Human Spaceflight Plans. Washington D C: Lewis-Burke Associate LLC, 2010 [2014-07-16]. http://www. ucar. edu.

[17] Obama B. Advancing the Frontiers of Space exploration. Washington D C: White House, 2010, [2014-07-16]. http://www. nasa. gov.

[18] National Space Policy of the United States of American. Washington D C: White House, 2010[2014-07-16]. https://www. whitehouse. gov.

[19] 欧阳自远. 我国月球探测的总体科学目标与发展战略. 地球科学进展, 2004, 19(3): 351-358.

[20] 叶培建, 彭兢. 深空探测与我国深空探测展望. 中国工程科学, 2006, 8(10): 13-18.

[21] Ouyang Z Y, Li C L, Zou Y L. Primary Scientific Results of Chang'E-1 Lunar Mission. Science China, 2010, 53(11): 1565-1581.

[22] Zheng Y C, Ouyang Z Y, Li C L. China's Lunar Exploration Program: Present and Future. Planetary and Space Science, 2008, 56: 881-886.

[23] Battin R H. An Introduction to the Mathematics and Methods of Astrodynamics. New York: AIAA Education Series, 1987: 437-442.

[24] Battin R H. An Introduction to the Mathematics and Methods of Astrodynamics. Reston: AIAA Education Series, 1999.

[25] Berry R L. Launch Window and Translunar, Lunar Orbit, and Trans earth Trajectory Planning and Control for the Apollo 11 Lunar Landing Mission. AIAA 8th Aerospace Sciences Meeting, New York, 1970: AIAA Paper 24-70.

[26] Graves C A, Harpold J C. Re-Entry Targeting Philosophy and Flight Results from Apollo 10 and 11. New York, 1970: AIAA 8th Aerospace Sciences Meeting.

[27] Graves C A, Harpold J C. Apollo Experience Report: Mission Planning for Apollo Entry. Washington D C, 1972: NASA Technical Note D-6725.

[28] Russell R P, Ocampo C A. Geometric Analysis of Free-Return Trajectories Following a Gravity-Assisted Flyby. Journal of Spacecraft and Rockets, 2005, 42(1):138-151.

[29] Miele A, Wang T, Mancuso S. Optimal Free-Return Trajectories for Moon Missions and Mars Missions. Journal of the Astronautical Sciences, 2000, 48(2-3): 183-206.

[30] Orloff R W. Apollo by the Numbers: A Statistical Reference. Washington D C: U. S. Government Printing Office, 2000: 34, 36-37, 74-75, 92-93, 115-116, 163, 187, 215, 243.

[31] Lunney G. Discussion of Several Problem Areas During the Apollo 13 Operation. AIAA 7th Annual Meeting and Technical Display, Houston, Texas, 1970: AIAA Paper 70-1260.

[32] Adamo D R. Apollo 13 Trajectory Reconstruction via State Transition Matrices. Journal of Guidance, Control and Dynamics, 2008, 31(6): 1772-1781.

[33] Bruno A D. The Restricted 3-Body Problem. New York: Walter de Gruyter, 1994: 95-107.

[34] Miele A, Mancuso S. Optimal Trajectories for Earth-Moon-Earth Flight. Acta Astronautica, 2001, 49(2): 59-71.

[35] Egorov V A. Certain Problems of Moon Flight Dynamics. New York, 1958: Russian Literature of Satellites, Part I, International Physical Index Inc. .

[36] Tolson R H. Geometrical Characteristic of Lunar Orbits Established from Earth-Moon Trajectories. Washington D C, 1963: NASA Technical Note D-1780.

[37] Robinson S B, Geller D K. A Simple Targeting Procedure for Lunar Transearth Injection. AIAA Guidance, Navigation, and Control Conference, Chicago, Illinois, 2009: AIAA Paper 2009-6107.

[38] Ocampo C, Saudemont R R. Initial Trajectory Model for Multi-Maneuver Moon-to-Earth Abort Sequence. Journal of Guidance, Control and Dynamics, 2010, 33(4): 1184-1194.

[39] Lisle B J. A Study of Geometrical and Terminal Characteristics of Earth-Moon Transits Embedded in the Earth-Moon Plane. 1963: NASA MTP-AERO-63-27.

[40] Yan H, Gong Q. High-Accuracy Trajectory Optimization for a Trans-Earth Lunar Mission. Journal of Guidance, Control and Dynamics, 2011, 34(4): 1219-1227.

[41] Guelman M. Earth to Moon Transfer with a Limited Power Engine. Journal of Guidance, Control and Dynamics, 1995, 18(5): 1133-1138.

[42] Li J Y, Gong S P, Wang X, Li J X. Launch Window for Manned Moon-to-Earth Trajectories. Aircraft Engineering and Aerospace Technology, 2012, 84(5): 344-356.

[43] Park C, Gong Q. Fuel-Optimal Design of Moon-Earth Trajectories Using Legendre Pseudospectral Method. AIAA/AAS Astrodynamics Specialist Conference and Exhibit, Honolulu, Hawaii, 2008: AIAA Paper 2008-7074.

[44] Ikawa H. Coplanar Three-Body Trans-Earth-Lunar Trajectory Simulation Methodology. AIAA 26th Aerospace Sciences Meeting, Reno, Nevada, 1988: AIAA-88-0381.

[45] Weeks M W, Marchand B G, Smith C W, Scarritt S. Design of Onboard

Autonomous Targeting Algorithm for the Trans-Earth Phase of Orion. AIAA Guidance, Navigation, and Control Conference and Exhibit, Honolulu, Hawaii, 2008: AIAA 2008-7262.

[46] Fazelzadeh S A, Varzandian G A. Minimum-time Earth-Moon and Moon-Earth Orbital Maneuvers Using Time-Domain Finite Element Method. Acta Astronautica, 2010, 66: 528-538.

[47] Miele A. Theorem of Image Trajectories in the Earth-Moon Space. Acta Astronautica, 1960, 6(51): 225-232.

[48] Baoyin H, McInnes C. Trajectories to and from the Lagrange Points and the Primary Body Surfaces. Journal of Guidance, Control and Dynamics, 2006, 29(4): 998-1003.

[49] Lo W M, Chung M J. Lunar Sample via the Interplanetary Superhighway. AIAA/AAS Astrodynamics Specialist Conference and Exhibit, Monterey, California, 2002: AIAA 2002-4718.

[50] Schwaniger A J. Trajectories in the Earth-Moon Space with Symmetrical Free Return Properties. Washington D C, 1963: NASA Technical Note D-1883.

[51] Jesick M. Ocampo C. Automated generation of symmetric lunar free-return trajectories. Journal of Guidance, Control and Dynamics, 2011, 34(1): 98-106.

[52] Lancaster J E, Walker J C, Mann F I. Rapid Analysis of Moon-to-Earth Trajectories. AIAA Journal, 1969, 7(6): 1017-1023.

[53] Penzo P. An Analysis of Free-Flight Circumlunar Trajectories. AIAA Astrodynamics Conference, New Haven, Connecticut, 1963: AIAA 63-404.

[54] Dallas S S. Moon-to-Earth Trajectories. AIAA Astrodynamics Conference, New Haven, Connecticut, 1963: AIAA 63-402.

[55] Gibson T. Application of the Matched Conic Model in the Study of Circumlunar Trajectories. 1963: NASA 70-35798.

[56] Wilson S W. A Pseudostate Theory for the Approximation of Three-Body Trajectories. AAS/AIAA Astrodynamics Conference, AAS/AIAA Astrodynamics Conference, Santa Barbaba, California, 1970: AIAA Paper 70-1061.

[57] Byrnes D V. Application of the Pseudostate Theory to the Three-Body Lambert Problem. Journal of the Astronautical Sciences, 1989, 37: 221-232.

[58] Wilson R S, Howell K. C. Trajectory design in the sun-earth-moon system using lunar gravity assists. Journal of Spacecraft and Rockets, 1998, 35(2): 191-198.

[59] Ramanan R V. Integrate Algorithm for Lunar Transfer Trajectories Using a Pseudostate Technique. Journal of Guidance, Control, and Dynamics, 2002,

25(5)：946-952.

[60] Luo Q，Yin J F，Han C. Design of Earth-Moon Free-Return Trajectories. Journal of Guidance，Control，and Dynamics，2012，36(1)：263-271.

[61] 黄诚，胡小工，李鑫. 满足一定约束条件的登月飞行轨道设计. 天文学报，2001，42(2)：161-172.

[62] 白玉铸，陈小前，李京浩. 载人登月自由返回轨道与 Hybrid 轨道设计方法. 国防科技大学学报，2010，32(2)：33-39.

[63] 白玉铸. 载人登月轨道设计相关问题研究[博士学位论文]. 长沙：国防科学与技术大学，2010.

[64] 黄文德，郗晓宁，王威. 基于双二体假设的载人登月任务中止轨道特性分析. 宇航学报，2010，31(9)：2067-2074.

[65] 黄文德，郗晓宁，王威. 从近地轨道入轨的载人登月发射窗口分析与设计. 天文学进展，2010，28(3)：310-319.

[66] 黄文德，郗晓宁，王威. 载人登月返回轨道发射窗口分析与设计. 飞行器测控学报，2010，29(3)：48-53.

[67] 张祖鹤. 载人登月综合任务窗口问题的研究[硕士学位论文]. 长沙：国防科学与技术大学，2012.

[68] 黄文德. 载人登月中止轨道的特性分析与优化设计[硕士学位论文]. 长沙：国防科学与技术大学，2011.

[69] Yazdi K，Messerschmid E. Analysis of Parking Orbits and Transfer Trajectories for Mission Design of Cis-Lunar Space Stations. Acta Astronautica，2004，55：759-771.

[70] Pierson B L，Kluever，C A. Three-Stage Approach to Optimal Low-Thrust Earth-Moon Trajectories. Journal of Guidance，Control and Dynamics，1994，17(6)：1275-1282.

[71] Lee D H，Bang H，Kim H D. Optimal Earth-Moon Trajectory Design Using New Initial Costate Estimation Method. Journal of Guidance，Control and Dynamics，2012，35(5)：1671-1675

[72] Michaels J E. Design Analysis of Earth-Lunar Trajectories：Launch and Transfer Characteristics. AIAA Journal，1963，1(6)：1342-1350.

[73] Michael W H，Tolson R H. Three-Dimensional Lunar Mission Studies. Washington D C，1959：NASA MEMO 6-29-59L.

[74] Gapcynski J P，Woolston D S. Characteristics of the Three Precision Circumlunar Trajectories for the Year 1968. Washington D C，1962：NASA Technical Note D-1028.

[75] Michael W H，Tolson R H. Effect of Eccentricity of the Lunar Orbit，

Oblateness of the Earth, and Solar Gravitational Field on Lunar Trajectories. Washington D C, 1960: NASA Technical Note D-227.

[76] Kluever C A, Pierson B L. Optimal Earth-Moon Trajectories Using Nuclear Electric Propulsion. Journal of Guidance, Control and Dynamics, 1997, 20(2): 239-245.

[77] Robinson S, Geller D K. A Simple Targeting Procedure for Lunar Trans-Earth Injection. AIAA Guidance, Navigation, and Control Conference, IIInois, 2009: AIAA Paper 2009-6107.

[78] Chung M J, Weinstein S S. Trajectory Design of Lunar South Pole-Aitken Basin Sample Return Mission. AIAA/AAS Astrodynamics Specialist Conference and Exhibit, Rhode Island, Hawaii, 2004: AIAA Paper 2004-4739.

[79] Ocampo C, Saudemont R R. Initial Trajectory Model for a Multi-Maneuver Moon-to-Earth Abort Sequence. Journal of Guidance, Control and Dynamics, 2010, 33(4): 1184-1194.

[80] 杨维廉, 周文艳. 嫦娥一号月球探测卫星轨道设计. 航天器工程, 2007, 16(6): 16-24.

[81] 周文艳, 杨维廉. 嫦娥二号卫星轨道设计. 航天器工程, 2010, 19(5): 24-28.

[82] 杨维廉. 发射极月卫星的转移轨道研究. 航天器工程, 1997, 6(3): 19-23.

[83] 周文艳, 杨维廉. 月球探测器转移轨道的特性分析. 空间科学学报, 2004, 24(5): 354-359.

[84] 杨威廉, 周文艳. 月球探测发射机会分析. 中国空间科学技术, 2005, 4(2): 11-15.

[85] 刘林, 王歆. 月球探测器轨道力学. 北京: 国防工业出版社, 2006: 50-83.

[86] 赵玉晖, 侯锡云, 刘林. 月球返回轨道再入角变化特征. 飞行器测控学报, 2010, 29(5): 75-79

[87] 赵玉晖, 侯锡云, 刘林. 月球探测中转移轨道误差分析和中途修正计算. 天文学报, 2013, 54(3): 261-273.

[88] 林晓辉, 孙兆伟, 杨涤. 地月转移轨道的快速设计方法研究. 哈尔滨工业大学学报, 2005, 37(2): 234-237.

[89] 何巍. 基于限制性多体问题的地月转移轨道研究[博士学位论文]. 北京: 北京航空航天大学, 2007.

[90] 徐明, 徐世杰. 地-月系平动点及 Halo 轨道的应用研究. 宇航学报, 2006, 27(4): 695-699.

[91] 郗晓宁, 曾国强, 任萱等. 月球探测器轨道设计. 北京: 国防工业出版社, 2001: 41-185.

[92] 高玉东, 郗晓宁. 月球探测器返回轨道快速搜索设计. 宇航学报, 2008, 29(3):

765-771.

[93] 白玉铸，郗晓宁，刘磊等. 月球探测器返回轨道特性分析. 国防科技大学学报，2008，30(4)：11-16.

[94] Procelli G, Daniel T. Fuel Time-Optimal Rendezvous by Non-linear Programming. Acta Astronautica, 1964, 16(3)：167-172.

[95] Reeves D M, Scher M D, Wilhite A W, Stanley D O. Apollo Lunar Orbit Rendezvous Architecture Decision Revisited. Journal of Spacecraft and Rockets, 2006, 43(4)：910-915.

[96] Whitley R J, Ocampo C A, Williams J. Implementation of an Autonomous Multi-Maneuver Targeting Sequence for Lunar Trans-Earth Injection. AIAA Guidance, Navigation, and Control Conference, Toronto, Canada, 2010：AIAA Paper 2010-8066.

[97] Yan H, Alfriend K T, Vadali S R, Sengupta P. Optimal Design of Satellite Formation Relative Motion Orbits Using Least-Squares Methods. Journal of Guidance, Control, and Dynamics, 2009, 32(2)：599-604.

[98] Melton R G. Time-Explicit Representation of Relative Motion between Elliptical Orbits. Journal of Guidance, Control, and Dynamics, 2000, 23(4)：604-610.

[99] Woffinden D C, Geller D K. Navigating the Road to Autonomous Orbital Rendezvous. Journal of Guidance, Control, and Dynamics, 2007, 44 (4)：898-909.

[100] Zimpfer D, Kachmar P, Tuohy S. Autonomous Rendezvous, Capture and In-Space Assembly：Past, Present and Future. 1st Space Exploration Conference：Continuing the Voyage of Discovery, Orlando, Florida, 2005：AIAA Paper 2005-2523.

[101] Weeks M W, D'Souza C N. On-Board Rendezvous Targeting for Orion. AIAA Guidance, Navigation, and Control Conference, Ontario, Canada, 2010：AIAA Paper 2010-8064.

[102] D'Souza C, Hanak F C, Spehar P. Orion Rendezvous, Proximity Operations, and Docking Design and Analysis. AIAA Guidance, Navigation, and Control Conference and Exhibit, Hilton Head, South Carolina, 2007：AIAA Paper 2007-6683.

[103] Jackson M, Gonzalez R. Orion Orbit Reaction Control Assessment. AIAA Guidance, Navigation, and Control Conference and Exhibit, Hilton Head, South Carolina, 2007：AIAA Paper 2007-6684.

[104] Clohessy W H, Wiltshire R S. Terminal Guidance System for Satellite Rendezvous. Journal of Aerospace Science, 1960, 27(9)：653-674.

[105] Kawano I, Mokuno M, Kasai T, Suzuki T. Result of Autonomous Rendezvous Docking Experiment of Engineering Test Satellite-VII. Journal of Spacecraft and Rockets, 2001, 38(1): 105-111.

[106] Hablani H B, Tapper M L, Dana-Bashian D J. Guidance and Relative Navigation for Autonomous Rendezvous in a Circular Orbit. Journal of Guidance, Control, and Dynamics, 2002, 25(3): 553-562.

[107] Hablani H B. Autonomous Relative Navigation, Attitude Determination, Pointing and Tracking for Spacecraft Rendezvous. AIAA Guidance, Navigation, and Control Conference and Exhibit, Austin, Texas, 2003: AIAA Paper 2003-5355.

[108] Lovell T A, Tragesser S G. Guidance for Relative Motion of Low Earth Orbit Spacecraft Based on Relative Orbit Elements. AIAA/AAS Astrodynamics Specialist Conference and Exhibit. Providence, Rhode Island, Hawaii, 2004: AIAA Paper 2004-4988.

[109] Lovell T A, Tragesser S G. A Practical Guidance Methodology for Relative Motion of LEO Spacecraft Based on the Clohessy-Wiltshire Equations, AAS/AIAA Space Flight Mechanics Metting, Maui, Hawaii, 2004: AAS Paper 04-252.

[110] Lopez I, McInnes C R. Autonomous Rendezvous Using Artificial Potential Function Guidance. Journal of Guidance, Control, and Dynamics, 1995, 18(2): 231-241.

[111] Prussing J E. Optimal Two- and Three-Impulse Fixed-Time Rendezvous in the Vicinity of a Circular Orbit. Journal of Spacecraft and Rockets, 2003, 40(6): 1221-1228.

[112] Carter T. Fuel-Optimal Maneuvers of a Spacecraft Relative to a Point in Circular Orbit. Journal of Guidance, Control, and Dynamics, 1984, 7(6): 710-716.

[113] Carter T, Humi M. Fuel-Optimal Rendezvous Near a Point in General Keplerian Orbit. Journal of Guidance, Control, and Dynamics, 1987, 16(6): 567-573.

[114] Carter T. New Form for the Optimal Rendezvous Equations Near a Keplerian Orbit. Journal of Guidance, Control, and Dynamics, 1990, 13(1): 183-186.

[115] Lion P M, Handelsman M. Prime Vector on Fixed-Time Impulsive Trajectories. AIAA Journal, 1968, 6(1): 127-132.

[116] Li J Y, Vadali S R, Baoyin H. Autonomous Rendezvous Architecture Design for a Lunar Lander. Journal of Spacecraft and Rockets, 2015, AIAA Early Edition: 1-10.

[117] Yamanaka K, Ankersen F. New State Transition Matrix for Relative Motion on

an Arbitrary Elliptical Orbit. Journal of Guidance, Control, and Dynamics, 2002, 25(1): 60-66.

[118] Gurfil P. Relative Motion between Elliptic Orbits: Generalized Boundedness Condition and Optimal Formationkeeping. Journal of Guidance, Control, and Dynamics, 2005, 28(4): 761-767.

[119] Schweighart S A, Sedwick R J. High-Fidelity Linearized J_2 Model for Satellite Formation Flight. Journal of Guidance, Control, and Dynamics, 2002, 25(6): 1073-1080.

[120] Schaub H, Alfriend K T. J_2 Invariant Reference Orbits for Spacecraft Formations. Celestial Mechanics and Dynamical Astronomy, 2001, 79 (2): 77-95.

[121] Sabatini M, Palmerini G B. Linearized Formation-Flying Dynamics in a Perturbed Orbital Environment. Aerospace Conference, 2008 IEEE, 2008: 1-13.

[122] Vadali S R. Model for Linearized Satellite Relative Motion About a J_2-Perturbed Mean Circular Orbit. Journal of Guidance, Control, and Dynamics, 2009, 32(5): 1687-1691.

[123] Karlgard C D, Lutze F H. Second Order Relative Motion Equations. Journal of Guidance, Control, and Dynamics, 2003, 26(1): 41-49.

[124] Mitchell J W, Richardson D L. A Third Order Analytical Solution for Relative Motion with a Circular Reference Orbit. Journal of the Astronautical Sciences, 2003, 51(1): 1-12.

[125] Sengupta P, Sharma R, Vadali S. Periodic Relative Motion near a General Keplerian Orbit with Nonlinear Differential Gravity. Journal of Guidance, Control, and Dynamics, 2006, 29(5): 1110-1121.

[126] Michael A, Turbe M A, McDuffie J H, DeKock B K, Betts K M. SPARTAN: A High-Fidelity Simulation for Automated Rendezvous and Docking Applications. AIAA Modeling and Simulation Technologies Conference and Exhibit, Hilton Head, South Carolina, 2007: AIAA Paper 2007-6806.

[127] Sedwick R J, Miller D W, Kong E. Mitigation of Differential Perturbations in Clusters of Formation Flying Satellites. AAS/AIAA Space Flight Mechanics Meeting, 1999: AAS Paper 99-124.

[128] Kechichian J A. Minimum-Time Constant Acceleration Orbit Transfer with First-Order Oblateness Effect. Journal of Guidance, Control, and Dynamics, 2000, 23(4): 595-603.

[129] Gim D-W, Alfriend K T. State Transition Matrix of Relative Motion for the

Perturbed Noncircular Reference Orbit. Journal of Guidance, Control, and Dynamics, 2003, 26(6): 956-971.

[130] Alfriend K T, Vadali S R, Gurfil P, How J P, Breger L. Spacecraft Formation Flying: Dynamics, Control and Navigation, U. K.: Elsevier, Oxford, 2010: 84-87.

[131] Li J Y, Vadali S R, Baoyin H. Autonomous Lunar Orbit Rendezvous Guidance based on a J_2-Perturbed State Transition Matrix. Journal of Guidance, Control and Dynamics, 2015, 38(2): 315-322.

[132] 荆武兴, 耿云海, 杨旭等. 空间交会寻的最优轨道机动. 中国空间科学技术, 1998, 18(2): 22-27.

[133] 张丽艳, 王忠贵. 交会对接任务发射窗口相关问题研究. 载人航天, 2005, 1: 18-23.

[134] 王华. 交会对接的控制与轨迹安全[博士学位论文]. 长沙: 国防科学与技术大学, 2007.

[135] 唐国金, 罗亚中, 张进. 空间交会对接任务规划. 北京: 科学出版社, 2008.

[136] 李海阳, 彭祺擘, 周英. 航天器交会对接发射窗口分析. 宇航学报, 2009, 30(5): 1861-1865.

[137] 李革非, 陈莉丹, 唐歌实, 张丽艳. 多约束交会对接发射窗口的分析和规划. 宇航学报, 2011, 32(11): 2463-2470.

[138] 谌颖, 王旭东, 潘科炎. 空间交会对接最优控制理论和方法的研究进展. 航天控制, 1993, 11(4): 26-31.

[139] 孙俊, 刘胜忠. 准最优控制理论在航天器轨道交会中的应用. 上海航天, 2007, 5: 14-18.

[140] 向开恒, 肖叶伦. 空间交会中脉冲变轨燃料消耗研究. 中国空间科学与技术, 1999, 18(2): 9-15.

[141] 林来兴. 空间交会对接技术. 北京: 国防工业出版社, 1995.

[142] 韩潮, 段彬, 付红勋. 远程导引可行飞行方案寻求算法研究. 中国空间科学技术, 2002, 22(1): 47-52.

[143] 朱仁璋, 尹艳, 汤溢. 空间交会最终平移段控制策略. 中国空间科学与技术, 2005, 25(8): 31-38.

[144] 朱仁璋, 林彦, 李颐黎. 空间交会 V-bar 接近冲量运动分析. 中国空间科学与技术, 2003, 23(3): 1-6.

[145] 朱仁璋, 蒙薇, 林彦. 航天器交会对接发射时间的选择与确定. 宇航学报, 2005, 26(4): 425-430.

[146] 王翔, 龚胜平, 宝音贺西, 李俊峰. 多冲量近圆轨道交会对接的快速打靶法. 空间控制技术与应用, 2010, 36(5): 1-6.

[147] Jesick M, Ocampo C. Optimal Lunar Orbit Insertion from a Variable Symmetric Free-Return Trajectory. Journal of Guidance, Control and Dynamics, 2011, 34(6): 1867-1875.

[148] Jesick M, Ocampo C. Computation and Optimization of Lunar Orbit Insertion from a Fixed Free Return. Journal of the Astronautical Sciences, 2011, 58(1): 35-53.

[149] Garn M, Qu M, Chrone J, Su P, Karlsgaard C. NASA's Planned Return to the Moon: Global Access and Anytime Return Requirement Implications on the Lunar Orbit Insertion Burns. Aug. AIAA/AAS Astrodynamics Specialist Conference and Exhibit, Honolulu, Hawaii, 2008: AIAA Paper 2008-7508.

[150] Condon G. Lunar Orbit Insertion Targeting and Associated Outbound Mission Design for Lunar Sortie Missions. AIAA Guidance, Navigation and Control and Exhibit, Hilton Head, South Carolina, 2007: AIAA Paper 2007-6680.

[151] Li J Y, Baoyin H, Gong S P. Lunar Orbit Insertion Targeting from the Two-Segment Lunar Free-Return Trajectories. Advance in Space Research, 2015, 55(4): 1051-1060.

[152] Li J Y, Baoyin H. Analysis of Two-segment Lunar Free-Return Trajectories. Journal of Spacecraft and Rockets, 2015, 52(1): 183-195.

[153] Li J Y, Gong S P, Baoyin H X. Generation of Multi-Segment Lunar Free-Return Trajectories. Journal of Guidance, Control and Dynamics, 2013, 36(3): 765-775.

[154] Wagner L A. Lunar scout launch window. AIAA/AAS Astrodynamics Conference, Scottsdale, Washington D C, 1994: AIAA-94-3716-CP.

[155] Wheeler R. Apollo Lunar Landing Launch Window: The Controlling Factors and Constraints. Apollo Flight Journal, 2009 [2013-10-20]. http://history. nasa. gov/afj/launchwindow/lw1. html.

[156] Coleman T F, Li Y. An Interior, Trust Region Approach for Nonlinear Minimization Subject to Bounds. SIAM Journal on Optimization, 1996, 6: 418-445.

[157] Coleman T F, Li Y. On the Convergence of Reflective Newton Methods for Large-Scale Nonlinear Minimization Subject to Bounds. Mathematical Programming, 1994, 67(2): 189-224.

[158] Lagarias J C, Reeds J A, Wright M H, Wright P E. Convergence Properties of the Nelder-Mead Simplex Method in Low Dimensions. SIAM Journal of Optimization, 1998, 9(1): 112-147.

[159] Tschauner J, Hempel P. Optimale Beschleunigeungsprogramme fur das

Rendezvous-Manover. Astronautica Acta, 1964, 10(5-6): 296-307.

[160] Carter T E. State Transition Matrices for Terminal Rendezvous Studies: Brief Survey and New Example. Journal of Guidance, Control, and Dynamics, 1998, 21(1): 148-155.

[161] Schaub H. Relative Orbit Geometry through Classical Orbit Element Differences. Journal of Guidance, Control, and Dynamics, 2004, 27 (5): 839-848.

[162] Chen T, Xu S J, Wang S X. Relative Motion Control for Autonomous Rendezvous Based on Classical Orbit Element Differences. Journal of Guidance, Control, and Dynamics, 2007, 30(4): 1003-1014.

[163] Niu B, Li L. Design of T-S Fuzzy Model Based on PSODE Algorithm. Intelligent Computing Theories and Applications, 2008, 5227: 384-390.

[164] Niu B, Li L. A Novel PSO-DE-Based Hybrid Algorithm for Global Optimization. Lecture Notes in Computer Science, 2008, 5227: 156-163.

[165] Bhatti M A. Practical Optimization Methods, New York: Springer, 2000: 147-154.

[166] Kennedy J, Eberhart R C. Particle Swarm Optimization. Proceeding of IEEE International Conference on Neural Networks, 1995:194-198.

[167] Price K, Storn R. Differential evolution-A simple and efficient heuristic for global optimization over continuous spaces. Journal of Global Optimization, 1997, 11: 341-359.

[168] Powell M J. A Fortran Subroutine for Solving Systems of Nonlinear Algebraic Equations. England: Numerical Methods for Nonlinear Algebraic Equations, 1970: 115-161.

[169] Goldberg D E. Genetic Algorithms in Search. Optimization, and Machine Learning, Maim: Addison-Wesley, 1989.

[170] Rauwolf G A, Coverstone-Carroll V L. Near-Optimal Low-Thrust Orbit Transfers Generated by a Genetic Algorithm. Journal of Spacecraft and Rockets, 1996, 33(6): 859-862.

[171] Gage P J, Braun R D, Kroo I M. Interplanetary Trajectory Optimization Using a Genetic Algorithm. Journal of Astronautical Sciences, 1995, 43 (1): pp. 59-75.

[172] Carter M T, Vadali S R. Parameter Optimization Using Adaptive Bound Genetic Algorithm. American Astronomical Society, Feb. 1995: AAS Paper 95-124.

[173] Pinon E, Fowler W T. Lunar Launch Trajectory Optimization Using a Genetic Algorithm. American Astronautical Society, Feb, 1995: AAS Paper 95-142.

[174] Konopliv A S, Park R S, Yuan D N, Asmar S W, et al. The JPL lunar gravity field to spherical harmonic degree 660 from the GRAIL Primary Mission. Journal of Geophysical Research: Planets 118, 2013, 7: 1415-1434.

[175] Sengupta P, Vadali S, Alfriend K T. Second Order State Transition for Relative Motion near Perturbed Elliptical Orbit. Celestial Mechanics and Dynamical Astronomy, 2007, 97(2): 101-129.

[176] Marquardt D. An Algorithm for Least-squares Estimation of Nonlinear Parameters. SIAM Journal Applied Mathematics, 1963, 11: 431-441.

[177] More J J. The Levenberg-Marquardt Algorithm: Implementation and Theory. Numerical Analysis, ed. G. A. Watson, Lecture Notes in Mathematics 630, Springer Verlag, 1977: 105-116.

[178] Analytical Graphics. [2014-05-15]. Inc. www. agi. com.

[179] Sridharan R, Ahmed S M, Das T P, et al. Direct Evidence for Water in the Sunlit Lunar Ambience from CHACE on MIP of Chandrayaan I. Planetary and Space Science, 2010, 58(6): 947-950.

[180] Szebehely V. Theory of Orbits: The Restricted Problem of Three Bodies. New York: Academic Press, 1967: 7-40.

附录 A Trust-Region Dogleg 算法

Trust-Region Dogleg 算法可提高计算过程的鲁棒性,并可处理 Jacobi 矩阵奇异情况下的运算。Trust-Region Dogleg 算法所采用的目标函数经过了如下的优化[156,157]:

$$\min_{\boldsymbol{d}_{TR}} m(\boldsymbol{d}_{TR}) = \frac{1}{2} \parallel M(\boldsymbol{x} + \boldsymbol{d}) \parallel_2^2 = \frac{1}{2} \parallel \boldsymbol{c}(\boldsymbol{x}) + J(\boldsymbol{x})\boldsymbol{d}_{TR} \parallel_2^2$$

$$= \frac{1}{2}\boldsymbol{c}(\boldsymbol{x})^{\mathrm{T}}\boldsymbol{c}(\boldsymbol{x}) + \boldsymbol{d}_{TR}^{\mathrm{T}}J(\boldsymbol{x})^{\mathrm{T}}\boldsymbol{c}(\boldsymbol{x}) + \frac{1}{2}\boldsymbol{d}_{TR}^{\mathrm{T}}J(\boldsymbol{x})^{\mathrm{T}}J(\boldsymbol{x})\boldsymbol{d}_{TR}$$

$$(\text{A-1})$$

式中 $\boldsymbol{d}$ 表示迭代步长,其中 $J(\boldsymbol{x})$ 为 $n \times n$ 的 Jacobi 矩阵

$$J(\boldsymbol{x}) = \begin{bmatrix} \nabla\boldsymbol{c}_1 \ (\boldsymbol{x})^{\mathrm{T}} \\ \nabla\boldsymbol{c}_2 \ (\boldsymbol{x})^{\mathrm{T}} \\ \vdots \\ \nabla\boldsymbol{c}_n \ (\boldsymbol{x})^{\mathrm{T}} \end{bmatrix} \qquad (\text{A-2})$$

迭代步长 $\boldsymbol{d}_{TR}$ 为 Cauchy 与 Gauss-Newton 迭代步长的凸组合,表示为

$$\boldsymbol{d}_{TR} = \boldsymbol{d}_C + \lambda(\boldsymbol{d}_{GN} - \boldsymbol{d}_C) \qquad (\text{A-3})$$

式中 λ 为区间 $[0,1]$ 内可取到的最大值。如果 $J(\boldsymbol{x})$ 奇异或接近奇异,$\boldsymbol{d}_{TR}$ 便简单沿 Cauchy 方向[168]。当迭代步长过小或目标函数不可能进一步优化时,计算终止。

附录 B　简化的 Gim-Alfriend 状态转移矩阵

相对轨道根数到相对位置速度几何转换矩阵 $\boldsymbol{\Sigma}(t)$ [130]：

$$\left.\begin{aligned}
\Sigma_{11} &= 1 \\
\Sigma_{14} &= -a\cos\theta \\
\Sigma_{15} &= -a\sin\theta
\end{aligned}\right\} \tag{B-1}$$

$$\left.\begin{aligned}
\Sigma_{24} &= V_t\sin\theta \\
\Sigma_{25} &= -V_t\cos\theta
\end{aligned}\right\} \tag{B-2}$$

$$\left.\begin{aligned}
\Sigma_{32} &= a \\
\Sigma_{36} &= a\cos i
\end{aligned}\right\} \tag{B-3}$$

$$\left.\begin{aligned}
\Sigma_{41} &= -\frac{3}{2}\frac{V_t}{a} \\
\Sigma_{43} &= -\alpha\left(\frac{V_t\sin i\cos i\sin^2\theta}{a^2}\right) \\
\Sigma_{44} &= 2V_t\cos\theta \\
\Sigma_{45} &= 2V_t\sin\theta \\
\Sigma_{46} &= \alpha\left(\frac{V_t\sin^2 i\cos i\sin\theta\cos\theta}{a^2}\right)
\end{aligned}\right\} \tag{B-4}$$

$$\left.\begin{aligned}
\Sigma_{53} &= a\sin\theta \\
\Sigma_{56} &= -a\sin i\cos\theta
\end{aligned}\right\} \tag{B-5}$$

$$\left.\begin{aligned}
\Sigma_{62} &= \alpha\left(\frac{V_t\sin i\cos i\sin\theta}{a^2}\right) \\
\Sigma_{63} &= V_t\cos\theta \\
\Sigma_{66} &= V_t\sin\theta\sin i + \alpha\left(\frac{V_t\sin i\cos^2 i\sin\theta}{a^2}\right)
\end{aligned}\right\} \tag{B-6}$$

其中

$$\alpha = 3J_2R_{\mathrm{m}}^2 \tag{B-7}$$

$$V_t = \sqrt{\frac{\mu}{a}}(1 + q_1\cos\theta + q_2\sin\theta) \tag{B-8}$$

平均轨道根数到瞬时轨道根数的转换矩阵 $\boldsymbol{D}(t)^{[130]}$

$$\boldsymbol{D}(t) = \mathbf{I} - (J_2 R_m^2)\left[D^{(lp)}(t) + D^{(sp1)}(t) + D^{(sp2)}(t)\right] \tag{B-9}$$

$$\left.\begin{aligned} D_{24}^{(lp)} &= -\frac{\sin^2 i}{8a^2}(1 - 10\Theta\cos^2 i)\sin\theta \\[2mm] D_{25}^{(lp)} &= -\frac{\sin^2 i}{8a^2}(1 - 10\Theta\cos^2 i)\cos\theta \end{aligned}\right\} \tag{B-10}$$

$$D_{44}^{(lp)} = -\frac{\sin^2 i}{16a^2}(1 - 10\Theta\cos^2 i) \tag{B-11}$$

$$D_{55}^{(lp)} = \frac{\sin^2 i}{16a^2}(1 - 10\Theta\cos^2 i) \tag{B-12}$$

$$\Theta = (1 - 5\cos^2 i)^{-1} \tag{B-13}$$

$$\left.\begin{aligned} D_{14}^{(sp1)} &= \frac{3(1 - 3\cos^2 i)}{2a}\cos\theta \\[2mm] D_{15}^{(sp1)} &= \frac{3(1 - 3\cos^2 i)}{2a}\sin\theta \end{aligned}\right\} \tag{B-14}$$

$$\left.\begin{aligned} D_{24}^{(sp1)} &= \frac{9(1 - 5\cos^2 i)}{4a^2}\sin\theta \\[2mm] D_{25}^{(sp1)} &= -\frac{9(1 - 5\cos^2 i)}{4a^2}\cos\theta \end{aligned}\right\} \tag{B-15}$$

$$\left.\begin{aligned} D_{41}^{(sp1)} &= -\frac{3(1 - 3\cos^2 i)}{2a^2}\cos\theta \\[2mm] D_{42}^{(sp1)} &= -\frac{3(1 - 3\cos^2 i)}{2a^2}\sin\theta \\[2mm] D_{43}^{(sp1)} &= \left(\frac{9\sin 2i}{4a^2}\right)\cos\theta \\[2mm] D_{44}^{(sp1)} &= \frac{3(1 - 3\cos^2 i)}{8a^2}(2 + \cos 2\theta) \\[2mm] D_{45}^{(sp1)} &= \frac{3(1 - 3\cos^2 i)}{8a^2}\sin 2\theta \end{aligned}\right\} \tag{B-16}$$

$$\left.\begin{aligned} D_{51}^{(sp1)} &= -\frac{3(1 - 3\cos^2 i)}{2a^2}\sin\theta \\[2mm] D_{52}^{(sp1)} &= \frac{3(1 - 3\cos^2 i)}{2a^2}\cos\theta \\[2mm] D_{53}^{(sp1)} &= \frac{9\sin 2i}{4a^2}\sin\theta \\[2mm] D_{54}^{(sp1)} &= \frac{3(1 - 3\cos^2 i)}{8a^2}\sin 2\theta \\[2mm] D_{55}^{(sp1)} &= \frac{3(1 - 3\cos^2 i)}{8a^2}(2 - \cos 2\theta) \end{aligned}\right\} \tag{B-17}$$

$$D_{64}^{(sp1)} = \frac{9\cos i}{4a^2}\sin\theta$$

$$D_{65}^{(sp1)} = -\frac{9\cos i}{4a^2}\cos\theta$$

$$\text{(B-18)}$$

$$D_{11}^{(sp2)} = \frac{3\,\sin^2 i}{2a^2}\cos 2\theta$$

$$D_{12}^{(sp2)} = \frac{3\,\sin^2 i}{a}\sin 2\theta$$

$$D_{13}^{(sp2)} = -\frac{3\sin 2i}{2a}\cos 2\theta$$

$$D_{14}^{(sp2)} = -\frac{9\,\sin^2 i}{4a}(\cos\theta + \cos 3\theta)$$

$$D_{15}^{(sp2)} = \frac{9\,\sin^2 i}{4a}(\sin\theta - \sin 3\theta)$$

$$\text{(B-19)}$$

$$D_{21}^{(sp2)} = -\frac{6 - 7\sin^2 i}{4a^3}\sin 2\theta$$

$$D_{22}^{(sp2)} = \frac{6 - 7\sin^2 i}{4a^2}\cos 2\theta$$

$$D_{23}^{(sp2)} = -\frac{7\sin 2i}{8a^2}\sin 2\theta$$

$$D_{24}^{(sp2)} = \frac{24 - 47\sin^2 i}{32a^2}\sin\theta + \frac{\cos^2 i}{4a^2}\sin 3\theta$$

$$D_{25}^{(sp2)} = \frac{24 - 47\sin^2 i}{32a^2}\cos\theta - \frac{\cos^2 i}{4a^2}\cos 3\theta$$

$$\text{(B-20)}$$

$$D_{31}^{(sp2)} = \frac{3\sin 2i}{4a^3}\cos 2\theta$$

$$D_{32}^{(sp2)} = \frac{3\sin 2i}{4a^2}\sin 2\theta$$

$$D_{33}^{(sp2)} = -\frac{3\cos 2i}{4a^2}\cos 2\theta$$

$$D_{34}^{(sp2)} = -\frac{\sin 2i}{8a^2}(3\cos\theta + \cos 3\theta)$$

$$D_{35}^{(sp2)} = \frac{\sin 2i}{8a^2}(3\sin\theta - \sin 3\theta)$$

$$\text{(B-21)}$$

$$D_{41}^{(sp2)} = \frac{\sin^2 i}{4a^3}(3\cos\theta + 7\cos3\theta)$$

$$D_{42}^{(sp2)} = \frac{3\sin^2 i}{8a^2}(\sin\theta + 7\sin3\theta)$$

$$D_{43}^{(sp2)} = -\frac{\sin2i}{8a^2}(3\cos\theta + 7\cos3\theta) \tag{B-22}$$

$$D_{44}^{(sp2)} = -\frac{3\sin^2 i}{16a^2}(3 + 10\cos2\theta + 3\cos4\theta)$$

$$D_{45}^{(sp2)} = -\frac{3(3 - 5\cos^2 i)}{8a^2}\sin2\theta - \frac{9\sin^2 i}{16a^2}\sin4\theta$$

$$D_{51}^{(sp2)} = -\frac{\sin^2 i}{4a^3}(3\sin\theta - 7\sin3\theta)$$

$$D_{52}^{(sp2)} = \frac{3\sin^2 i}{8a^2}(\cos\theta - 7\cos3\theta)$$

$$D_{53}^{(sp2)} = \frac{\sin2i}{8a^2}(3\sin\theta - 7\sin3\theta) \tag{B-23}$$

$$D_{54}^{(sp2)} = -\frac{3(3 - 5\cos^2 i)}{8a^2}\sin2\theta - \frac{9\sin^2 i}{16a^2}\sin4\theta$$

$$D_{55}^{(sp2)} = \frac{3\sin^2 i}{16a^2}(3 - 10\cos2\theta + 3\cos4\theta)$$

$$D_{61}^{(sp2)} = \frac{3\cos i}{2a^3}\sin2\theta$$

$$D_{62}^{(sp2)} = -\frac{3\cos i}{2a^2}\cos2\theta$$

$$D_{63}^{(sp2)} = \frac{3\sin i}{4a^2}\sin2\theta \tag{B-24}$$

$$D_{64}^{(sp2)} = -\frac{\cos i}{4a^2}(3\sin\theta + \sin3\theta)$$

$$D_{65}^{(sp2)} = -\frac{\cos i}{4a^2}(3\cos\theta - \cos3\theta)$$

相对平均轨道根数状态转移矩阵 $\bar{\boldsymbol{\phi}}_e(t, t_0)$[130]

$$\bar{\phi}_{e11} = 1 \tag{B-25}$$

$$\bar{\phi}_{e21} = -\frac{3}{2}\frac{n(t - t_0)}{a}$$

$$\bar{\phi}_{e22} = 1$$

$$\bar{\phi}_{e23} = -\frac{2\alpha}{a^2}(t - t_0)\sin2i \tag{B-26}$$

$$\bar{\phi}_{e24} = -G_{q10} - G_{q1}\cos(\Delta\omega) + G_{q2}\sin(\Delta\omega)$$

$$\bar{\phi}_{e25} = -G_{q20} + G_{q1}\sin(\Delta\omega) - G_{q2}\cos(\Delta\omega)$$

$$\bar{\phi}_{e33} = 1 \qquad\qquad\qquad (B\text{-}27)$$

$$\left.\begin{array}{l} \bar{\phi}_{e44} = \cos(\Delta\omega) \\[6pt] \bar{\phi}_{e45} = -\sin(\Delta\omega) \end{array}\right\} \qquad (B\text{-}28)$$

$$\left.\begin{array}{l} \bar{\phi}_{e54} = \sin(\Delta\omega) \\[6pt] \bar{\phi}_{e55} = \cos(\Delta\omega) \end{array}\right\} \qquad (B\text{-}29)$$

$$\left.\begin{array}{l} \bar{\phi}_{e61} = \dfrac{7\alpha}{4a^3} n \cos i (t - t_0) \\[10pt] \bar{\phi}_{e63} = \dfrac{\alpha}{2a^2} n \sin i (t - t_0) \\[10pt] \bar{\phi}_{e66} = 1 \end{array}\right\} \qquad (B\text{-}30)$$

其中

$$n = \sqrt{\dfrac{\mu}{a^3}} \qquad\qquad\qquad (B\text{-}31)$$

$$\Delta\omega = \dot{\omega}^{(s)}(t - t_0) \qquad\qquad (B\text{-}32)$$

$$\dot{\omega}^{(s)} = 0.75 J_2 \left(\dfrac{R_m}{a}\right)^2 n (5\cos^2 i - 1) \qquad (B\text{-}33)$$

$$\left.\begin{array}{l} G_{q1} = -2\sin\theta \\[6pt] G_{q10} = -G_{q1}(t_0) \end{array}\right\} \qquad (B\text{-}34)$$

$$\left.\begin{array}{l} G_{q2} = 2\cos\theta \\[6pt] G_{q10} = -G_{q2}(t_0) \end{array}\right\} \qquad (B\text{-}35)$$

致　谢

　　衷心感谢导师宝音贺西教授对本人的精心指导,他的言传身教将使我终身受益。五年读博路,风雨兼程,导师总能在迷茫时予以启迪,困惑时予以指引,消沉时予以激励,自满时予以鞭策,与导师交谈的时间难以计算。宝音老师是我学术的导师,更是我人生的导师。

　　衷心感谢联合导师王翔研究员对我学术上的指导,帮我建立专业的感觉,打开工程的视野,引导我严谨务实地走好科研和生活的每一步。

　　特别感谢李俊峰教授对本人的帮助,他广博的学术视野,严谨求实的治学态度和严格的要求,使我终身受益。感谢王天舒教授、高云峰副教授对作者生活和学术上的关怀。感谢龚胜平副教授和蒋方华副教授对作者科研上的指导和生活上的帮助。博士期间与龚胜平副教授在诸多问题上的探讨,对我的帮助很大,特此感谢。

　　在美国 Texas A-M University,Department of Aerospace Engineering 进行一年的交流访学期间,承蒙 Srinivas R. Vadali 教授悉心指导与帮助,不胜感激。

　　感谢实验室全体同窗的帮助与信任,与你们在一起的日子总是那么欢乐!

　　感谢焦菲菲女士在作者读博与写作期间给予的理解与支持。

　　感谢父母和姐姐的无限支持。